僕は猛禽類のお医者さん

I am a wild raptor veterinarian.

齊藤慶輔
（猛禽類医学研究所）

KADOKAWA

はじめに

「どうすれば先生のようになれるのですか？」

そんな質問が、毎週のように全国から手紙やメールで送られてくる。その答えは自分でもよくわからないが、ある種の憧れをもって自身の目標にしてくれようとしている若い世代に、適当な返事をするわけにもいかない。

古い写真や執筆物を引っ張り出し、過去を振り返る機会が以前よりも少し多くなった。思いがけない失敗や苦労した経験のほうが鮮明に思い出せるのだからなんとも不思議だ。

幼いころから動物が大好きだった。色褪せた写真には、その時々に接していた動物たちが一緒に写り込んでいる。詳しく語り始めたらもう何冊か本が書けてしまうくらい、どの動物たちにも深い思い出がある。自分が好きなことを忘れないで頭の片隅に置き、どんな立場や状況になっても何らかの関わりをもち続けたことが、今の自分につながっているのかもしれない。

この本の企画の話を出版社からいただいたとき、「私が歩んできた道程をわかりやすく紹介することができれば、新しい世代の方たちへの小さな道しるべになるのではないか?」と思ったものの、野生猛禽類専門の獣医師として働き始めてからすでに31年目……。ここまで長くなると、トピック的な話題をかいつまむだけでは、「よっぽど特殊な経験や出来事に出くわさなければ、私(齊藤)の同僚や後継者にはなれない」と勘違いされてしまいそうだ。

メディアでの私は「ゴッドハンドをもつ品行方正な獣医師が大活躍!」のように紹介されることが多いが、そんなことはまったくないと自ら断言したい。実際のところは、目前に現れる難問に対して、ときには心が折れたり胸が張り裂けそうになりながらも、自分にできそうなことをひたすら泥臭く積み重ねてきただけのこと。

テレビなどで描かれるように有能だったら、もっと手際よくあらゆる問題を解決できたはずだ。それならば、いっそ反面教師として私が歩んできたケモノ道を包み隠さず紹介するのがいいんじゃないか?

そんな思いを胸に筆を進めるにつれ、なんと多くの素晴らしい方々と出会い、お力添えをいただいたのだろうと、感謝の念を強くした。

それを踏まえつつ、この本を手に取ってくださった方々、とくに若い世代の人たちには、私の座右の銘をご紹介して冒頭の質問に答えたいと思う。

それは、サハリンで10年以上続けてきたオオワシ調査の際に出会った言葉だ。この調査は、まるで遊牧民のように転々と場所を変えながら周辺域に生息するオオワシの繁殖状況を見て回るものだ。拠点となるキャンプ地を順次移動させながら1カ月ほどかけて調査が行われるが、その過程で家財道具一式を大型の軍用トラックで運ぶのだ。

運転手のロシア人・サーシャはアフガニスタン戦線にも赴いたことのあるフィールドワークのプロ。ある日、私はサーシャの運転するトラックに乗り込み、はるか北方の次なる目的地を目指していた。と、いきなり目前に現れたのは崩壊した橋。長雨の影響で川が氾濫し、一気に流されたらしい。何度も迂回したものの目的地になかなかたどり着けない。サーシャに「思ったとおりにはいかなくて大変だね」と話しかけると、片言の英語で彼は笑いながら言った。

「決まった道なんてないよ。ただ目的地があるだけさ」

何気ない彼の一言は、まったく別の意味をもって私の心に突き刺さった。目標さえ見失わなければ、たとえ障害が行く道を阻んでいたとしても、遠回りしたり時間がかかったりしながらも目的地を目指せるんだ！　必要なら自分で新たな道をつくればいいじゃないか！

「決まった道はない、ただ行き先があるのみだ！」

この言葉を胸に、私は今日も新たな一歩を踏み出している。まだまだ道半ばだけれど、目指すのは〝野生動物とのより良い共生〟。

さて、少しだけ過去を振り返りながら、私が歩んできた道程を紹介しよう。いつの日か私を乗り越えて、私にはまだ見えていない行き先を誰かに目指してもらうために。

齊藤慶輔

もくじ

第１章 賢い野生動物 今風の生き方

第2章

野生動物との出会い

第3章

人間と猛禽類のチーム医療

第4章

規格外すぎる！野生の猛禽類の治療

第5章 環境にも治療が必要だ！

第6章 野生動物との共生はどうして大事？

カバーデザイン　西垂水敦・内田裕乃（krran）

本文・DTP　野村道子（bee'sknees-design）

写真　齊藤慶輔、猛禽類医学研究所

イラスト　小幡彩貴、清水萌花（P133）

校正　麦秋アートセンター、株式会社オフィスバンズ

編集協力　金子志緒

編集　川田央恵（KADOKAWA）

環境省

釧路湿原野生生物保護センター

図解

私たちは環境省の施設である「釧路湿原野生生物保護センター」を
活動拠点に、シマフクロウ、オオワシ、オジロワシを
はじめとする絶滅危惧種の保全活動を行っている。
センターの設備や役割を図解で大まかに紹介しよう。

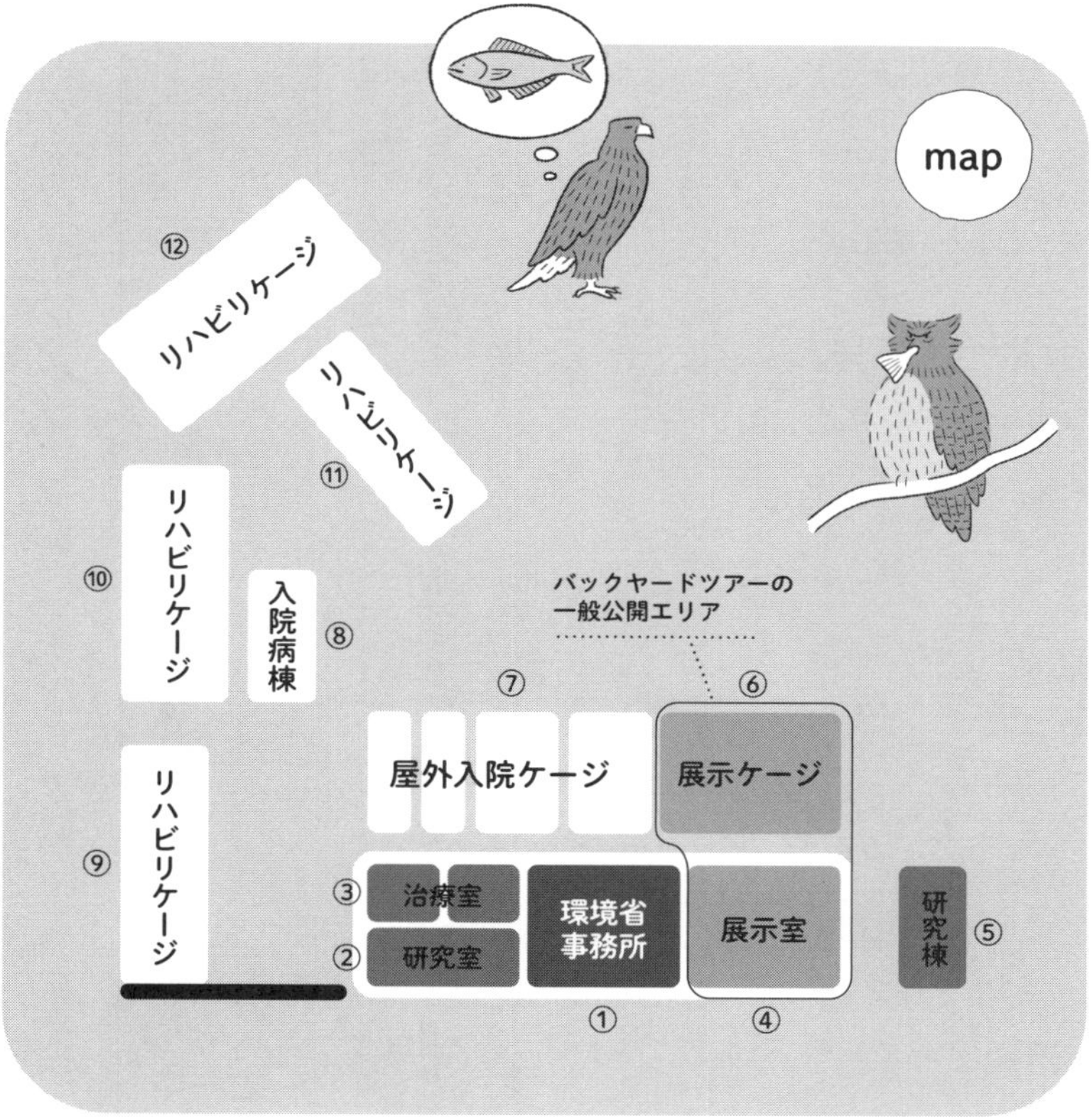

①環境省釧路湿原自然保護官事務所　②齊藤とスタッフが拠点にする研究室　③収容された鳥の診察や手術を行う。傷病鳥を入院ケージやICUで手厚い治療をする　④希少種の生態や保全活動を紹介　⑤別棟の研究施設　⑥終生飼育しているワシをバックヤードツアーなどで観察できる　⑦⑧広さの異なる入院室　⑨⑩生息環境を模したリハビリケージ　⑪リハビリの一環として、限られた餌を競い合って食べさせるメンタルトレーニングを行う　⑫野生復帰に向けた飛翔訓練（フィジカルトレーニング）を施すためのフライングケージ　※リハビリが進んで野生復帰が近づくごとに奥へ移動する。⑦⑪には展示されていない終生飼育のワシもいる。

野生猛禽類と生きる

環境省の釧路湿原野生生物保護センターに着任してから30年、保全医学に基づく活動を行うための猛禽類医学研究所を立ち上げてから20年になる。これまで撮りためてきた写真とともに、野生の猛禽類に魅せられた私の思いと、これまでの保全医学の活動を伝えたい。

オオワシ

世界で5000～6000羽がオホーツク海沿岸のみに生息する。春から夏にかけてロシアのサハリンを中心に繁殖し、秋に大半が北海道に渡来して越冬する。

全長

オス：85～95cm
メス：90～110cm

翼開長

190～240cm

体重

5～9kg

食性

魚を主食にする海ワシ類。スカベンジャー（死んだ生き物を食べる種）でもある。

成鳥は翼前縁（翼の前側）と尾羽、すねが白い。尾羽は飛翔時には菱形に広がる。

グイマツの大木の頂上に枝を組んで、直径2メートル近くにもなる巣を作る。

巨大なくちばしが特徴。オスよりメスのほうが大きい。幼鳥では先端が黒く、成長に伴い黄色に変わる。

餌を奪い合う2羽のオオワシ。自然界で生きる猛禽類ならではの迫力のある空中戦。

オジロワシ

北半球に数万羽生息。北海道には冬に極東個体群の多くが渡来するほか、200～300つがいほどが周年日本で生活し、北海道などで繁殖している。

全長

オス：79～85cm
メス：82～90cm

翼開長

190～210cm

体重

4～6kg

食性

魚を主食にする海ワシ類。水鳥や小動物を捕食するが、スカベンジャーでもある。

成鳥は全体的に焦茶色で、名前のとおり尾羽が白い。

オジロワシの若鳥。成長に伴いくちばしは黄色に、尾羽も白に変わる。

換羽(羽が生え替わる)前の羽毛は紫外線による退色や摩耗により色が薄いが、生え変わることにより濃い色になる。

海岸や河川流域などに生息する。高所を好み、アンテナなどの人工物も利用する。

シマフクロウ

北海道に200羽程度が生息する世界最大級のフクロウ。川や湖、沼地のそばにある森林地帯に生息する。繁殖地は人間の侵入を防ぐため伏せられている。

全長

オス：67～74cm
メス：70～75cm

翼開長

150～185cm

体重

3～5kg

食性

水域で魚や両生類、甲殻類のほか、ネズミなどを捕食。人工の養魚場も多用する

大きな耳羽（じう）と黒い筋の
入った胸の羽毛が特徴。

威厳のある風格。アイヌの人々
から「コタンコロカムイ（村を領
有する神）」と呼ばれた。

樹上や川縁で魚などの獲物を
待ち伏せ、鋭い爪で捕まえる。

天然木のウロに作ら
れた巣内のヒナ。生
後50日前後に巣立
ちの準備を迎える。

クマタカ

全国に1800羽ほどが生息する。森林の生活に適応した身体能力を備え、「森の忍者」の異名をもつ。2年に1回繁殖するつがいも多いが、卵は通常1個しか産まない。

北海道の個体は九州地方に比べて全体的に淡い色合い。幼鳥は風切羽（翼の縁の羽）や尾羽の黒い線もやや細い。

後頭部の冠羽（かんう）が角のように見えるため、角鷹という漢字も当てられている。

全長

オス：75～78cm
メス：78～81cm

翼開長

130～165cm

体重

2～3kg

食性

森林でリスなどの小動物をはじめ、爬虫類や小中型鳥類などを捕食する。

タンチョウ

頭部の赤、身体の白、首と三列風切羽の黒で構成された鮮やかなコントラストが美しい。

日本で繁殖する唯一の野生のツル。日本では北海道東部の湿原を中心に約1800羽が生息する。頭部の特徴から「丹(赤い)頂(頭の上)」と名付けられた。

国内の野鳥の中では最大級の大きさ。湿原で繁殖し、家族で行動することが多い。

全長

140cm

翼開長

250cm

体重

10kg

食性

河川や湿地に生息する小魚をはじめ、植物の種、穀類、両生類などを食べる雑食。

保全医学の最前線から

環境省の釧路湿原野生生物保護センターで行われている保全の取り組みを解説する。同省により委託を受けた猛禽類医学研究所は、救護に加えて傷病・死亡原因の究明や事故の予防なども行う。

自然の保全に取り組む環境省の施設

釧路湿原野生生物保護センター

湿原や希少種を保全

環境省により1993年に釧路湿原の保全や、希少な野生動物の保護増殖のために設立された施設。2021年8月にリニューアルされ、展示施設と研究施設に分かれる。

生態を学べる展示施設

展示室（左）では北海道東部の自然環境、希少鳥類の生態や保全を学べる。展示ケージ（下）では終生飼育のワシを観察できるバックヤードツアーを実施（問い合わせは猛禽類医学研究所へ）。

釧路湿原野生生物保護センターを拠点に活動する

猛禽類医学研究所

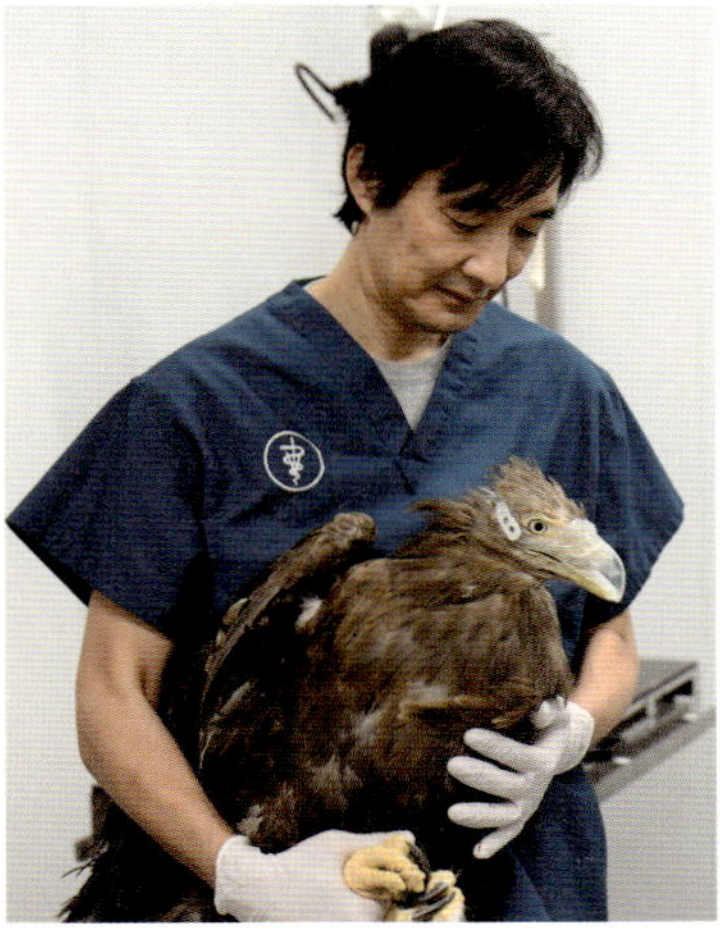

代表：齊藤慶輔

猛禽類医学研究所の代表。保全医学に基づき、希少種の救護や調査研究を行う。

齊藤を含む
9人のスタッフで活動

研究所のスタッフとして私を含む獣医師4人、研究員5人が在籍する。前列右から尾里めぐみ、清水萌花、児島 希、谷 日菜子、後列右から沖山 幹、大戸聡之、齊藤(私)、河野晴子、渡辺有希子副代表。

副代表：渡辺有希子

高校時代に走高跳でオリンピック強化選手に選ばれたが、生涯の仕事として野生動物の獣医師を目指して帯広畜産大学へ。所属したゼニガタアザラシ研究グループの調査の際にオオワシに出会ったことをきっかけに、齊藤の活動に参加している。

シマフクロウの「ちび」

先天性疾患で巣立ちができなかったシマフクロウのヒナを「ちび」と名付け、渡辺獣医師が母親として育てた。

ちびは親善大使として活躍

信頼関係を築いた渡辺獣医師とともに環境教育の一環でメディアやイベントに参加。ちびはシマフクロウ界と人間界をつなぐ親善大使だ。

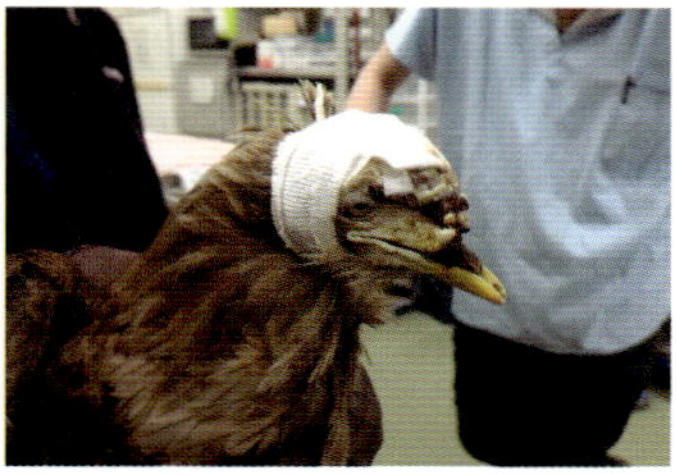

オジロワシの「ベック」

交通事故で上のくちばしを骨ごと失ったオジロワシの「ベック」。収容時（右上）は頭部の骨が見えるほどの重症だったが、義嘴（ぎし）をつけて（左上）、自力で羽繕いや食餌もできるようになった。

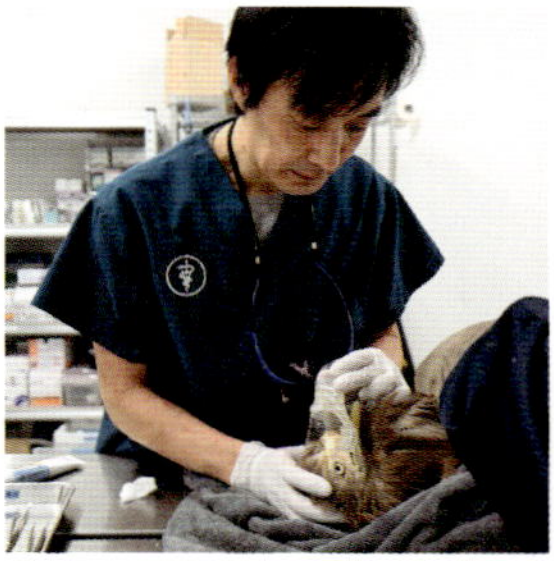

世界初のヘッドギア式義嘴の開発に挑む

歯科医師の大島尚久先生、船越誠先生、遠井由布子先生、歯科技工士の古谷博さんの協力を得て、世界初のヘッドギア式の義嘴を開発。現在も改良を続けている。

シマフクロウ・オオワシ・オジロワシ・タンチョウを守る

環境省から委託された保護増殖事業

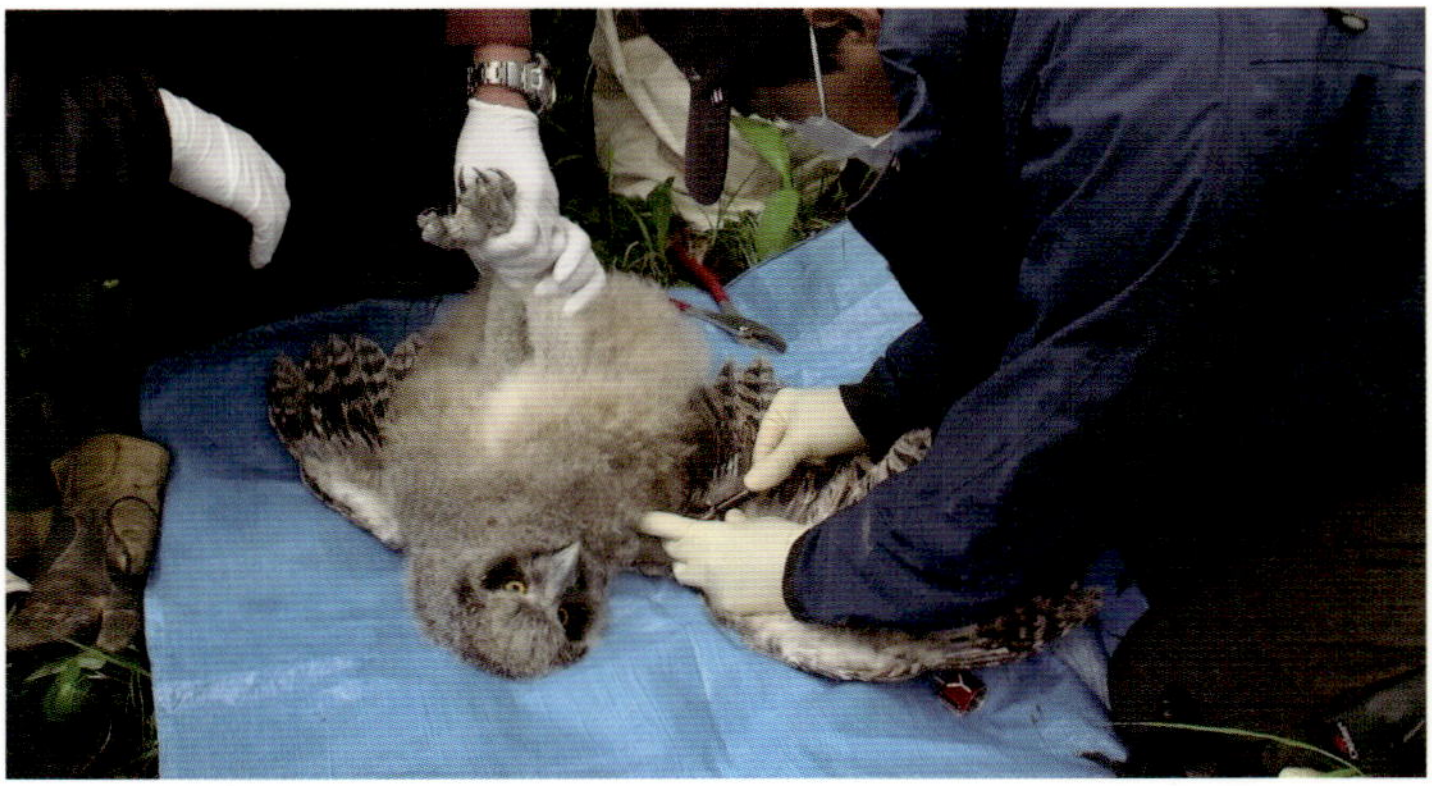

シマフクロウ

環境省の事業としてシマフクロウの標識調査に参加。私は獣医学的な業務を担当し、診察、血液検査、検体採取などを行う。

希少種を減らさない対策を行っている

希少種の保全は増やす努力と減らさない努力の両輪で成り立っている。私たちは主に減らさないための活動を展開している。

野生に戻るためのリハビリを行う

救護した希少種はセンター内のケージでリハビリを行い、必要に応じて放鳥地に設置した馴化ケージで飼育したのち野生復帰させる。

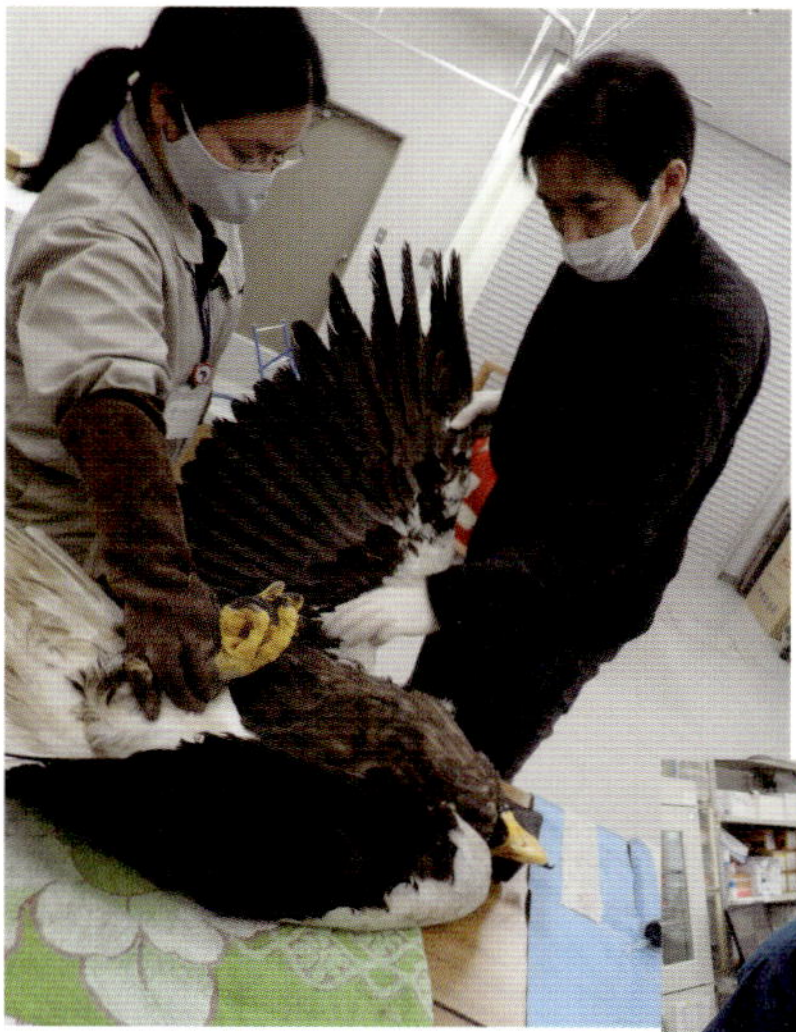

オオワシ・オジロワシ

オオワシやオジロワシの救護と傷病・死亡原因究明を環境省から委託されている。狩猟に使われる銃弾による鉛中毒や、自動車や列車による交通事故で傷病を負って収容される。

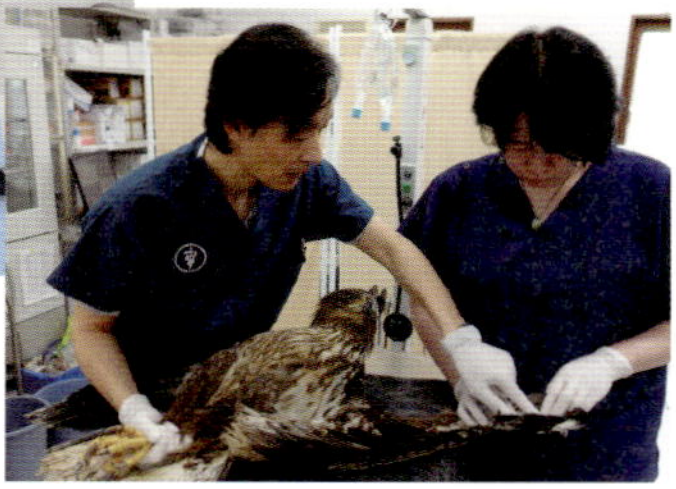

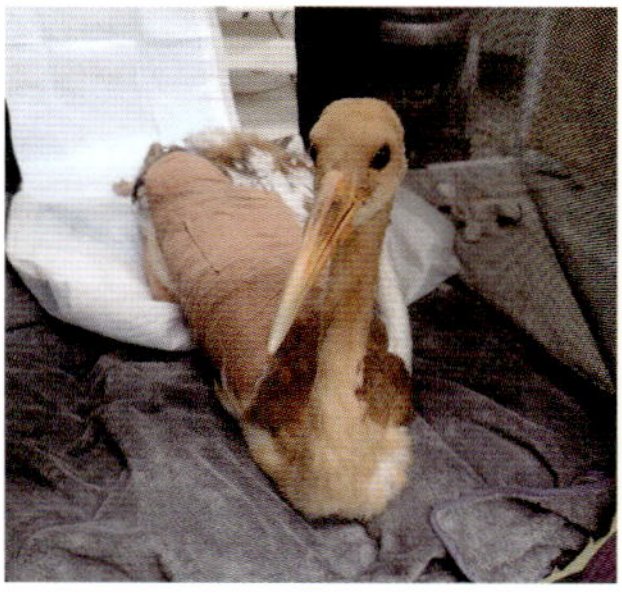

タンチョウ

2010年代後半からタンチョウの救護も行っている。自力で立てずうつぶせになる場合は、臓器に負担をがかからないようハンモックに乗せて看護する。

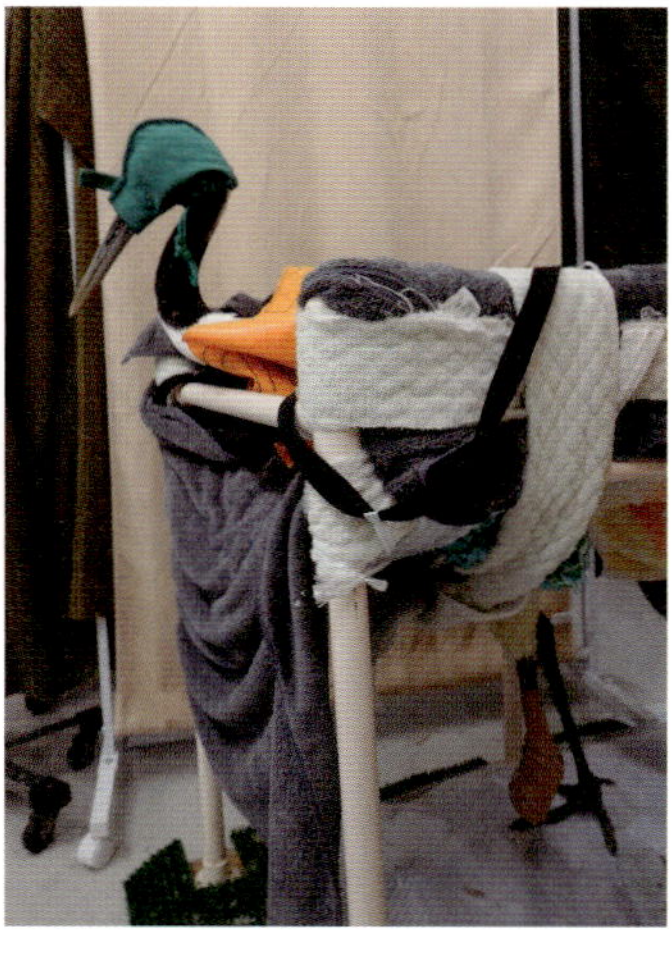

保全医学は野生復帰の先まで見据える

傷病鳥を救護する

捕獲

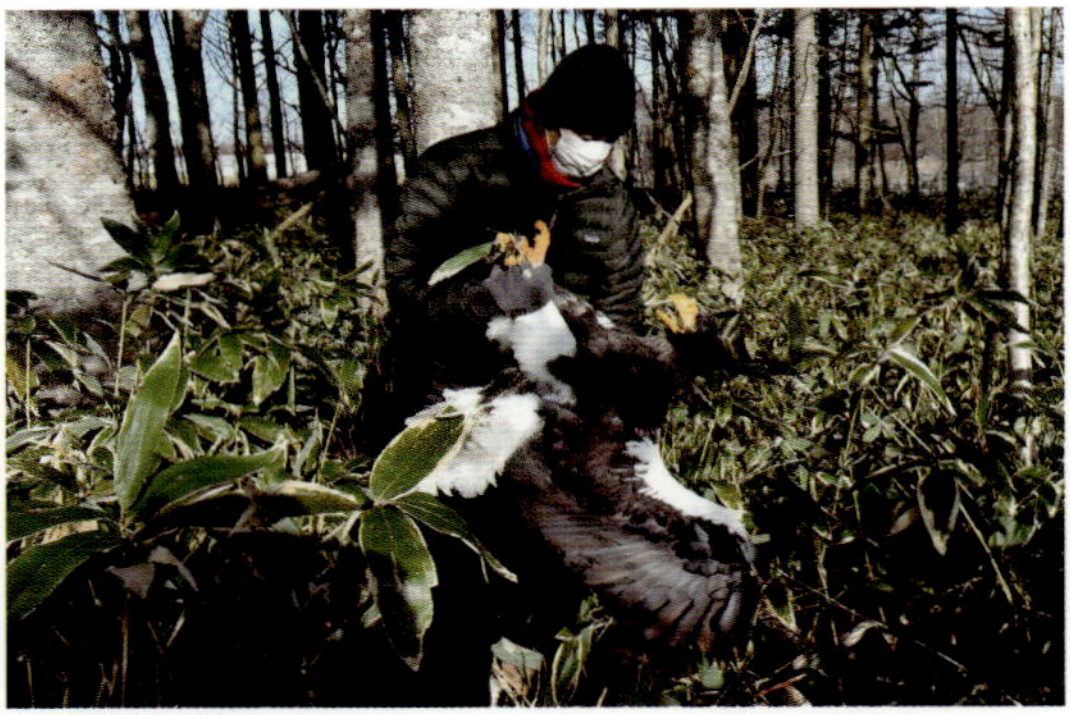

通報を受けて捕獲に向かう

野生動物の救護は発見者からの通報が頼りだ。傷病鳥は隠れるため、やぶの中を探し回らなければいけないことも。交通事故で重症を負い、動けない場合は道路脇で見つかるケースもある。

搬送

ドクターカーで応急処置と搬送

ドクターカーの中で応急処置を行い搬送する。感染症などの状況に応じてHEPAフィルターのついた輸送ボックスに入れて隔離搬送。

検査

重要感染症の簡易検査

高病原性鳥インフルエンザが発生する冬期には捕獲の際にも防護服を着用する。ドクターカーなどの搬送車に収容する前に、A型インフルエンザウイルスの簡易検査を行う。

診察

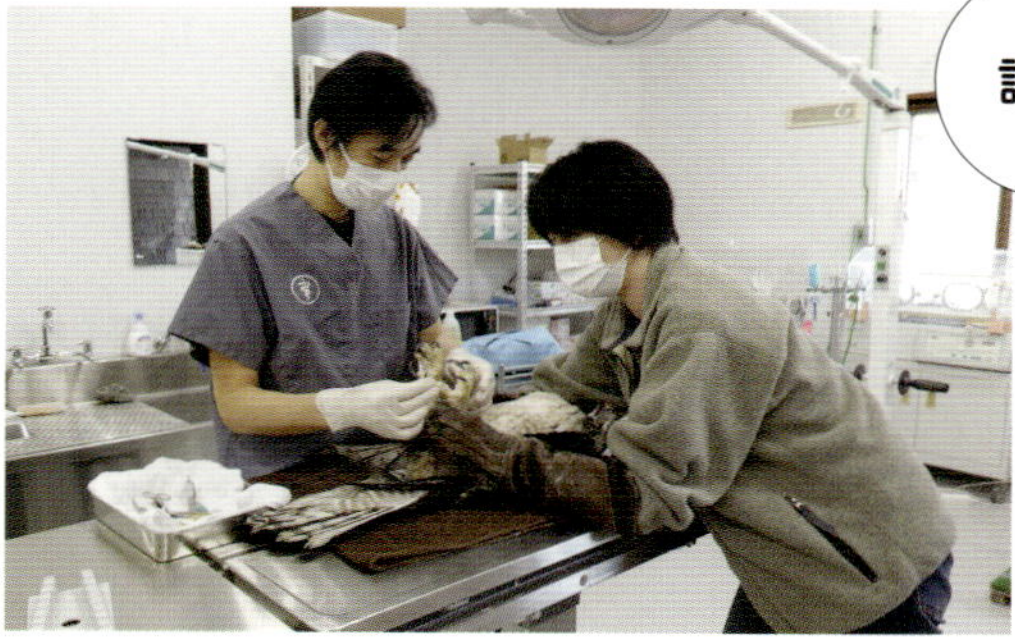

PCR検査のあと診察

センターに入る前にPCR検査を行い、陽性であれば陰圧隔離室へ。陰性の場合はセンター内の治療室に運び、診察や臨床検査を実施する。

手術

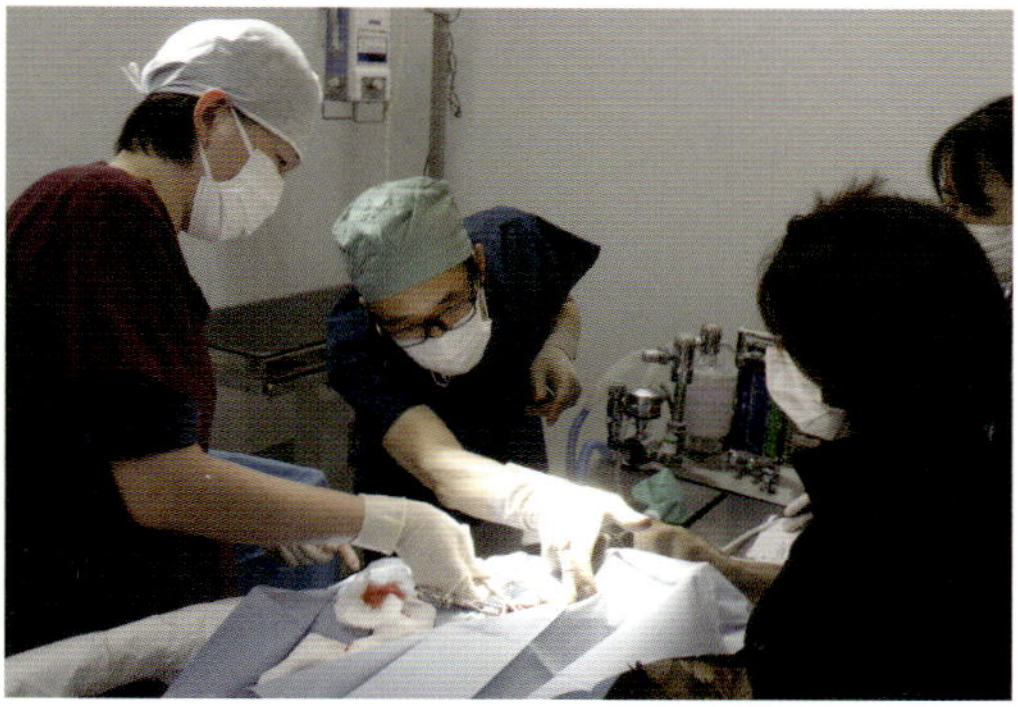

体調が安定してから手術を行う

血液検査やレントゲン検査の結果を元に、体調を安定させる。麻酔に耐えられると判断できたら、保定者と麻酔医が不動化(動かないように)して執刀医が手術を進める。

入院

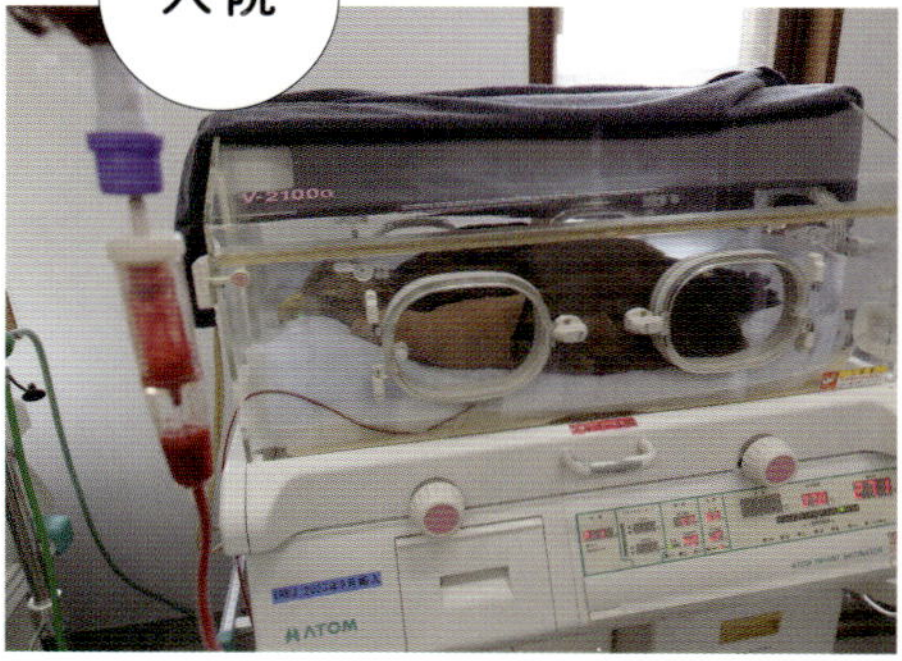

治療室のケージやICUへ

しばらくは体調を確認しやすい治療室の入院ケージへ(上)。ときにはICU内で輸血治療を行うこともある(左)。

体調が安定したら入院病棟へ移動

治療室内の管理で体調が安定したら入院病棟の個室入院室へ。野生復帰を目指す個体は人間への警戒心を維持させるため、接触を最小限にとどめる。

入院

自然界で自活する能力を取り戻す

オオワシやオジロワシなどの大型猛禽類は、同種のいる屋外ケージで自然界での自活に向けた心身のリハビリを実施する。ハヤブサなどの小型猛禽類は、廊下でのコリドーフライト(飛翔訓練)や必要に応じて中型ケージなどでリハビリを行う。

リハビリ

放鳥

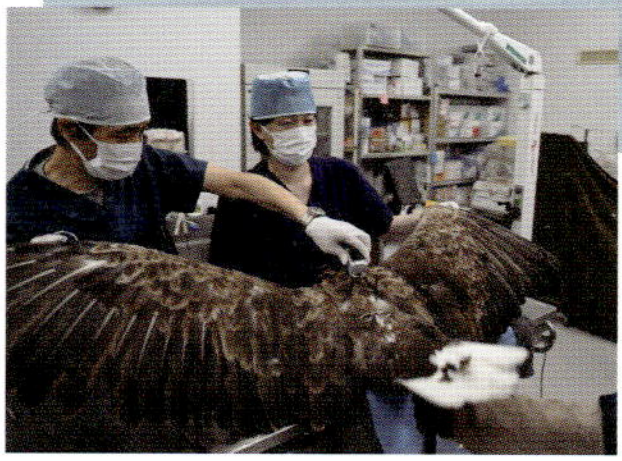

送信機と足環をつけて野生復帰

各種送信機と足環をつけてから、オジロワシなどは発見された場所で放す「ハードリリース」。シマフクロウは生息に適した場所で一定期間飼育してから放す「ソフトリリース」で野生復帰させることが多い。

追跡

自然界で自活する能力を取り戻す

赤い線で表示されているのが放鳥後の軌跡だ。絡網事故から野生復帰したオオワシは、元気にサハリンまで渡っていった。

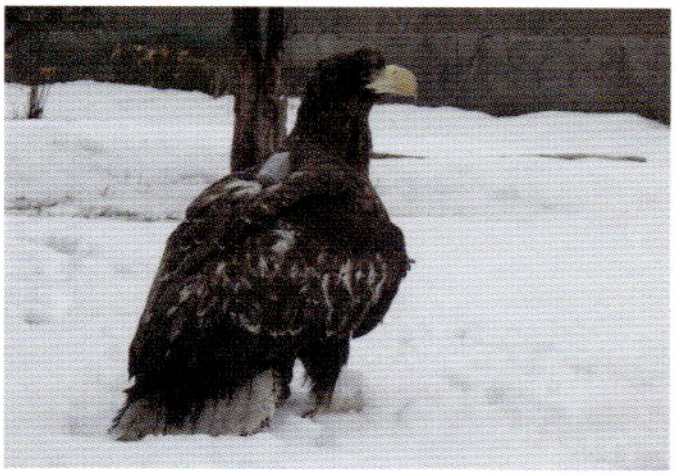

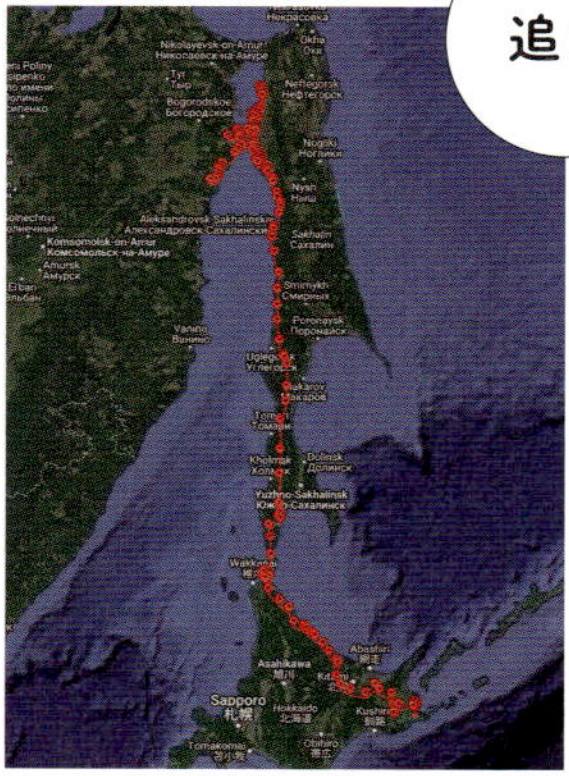

獣医師・スタッフ・傷病鳥の安全を確保する

猛禽類のための診療具

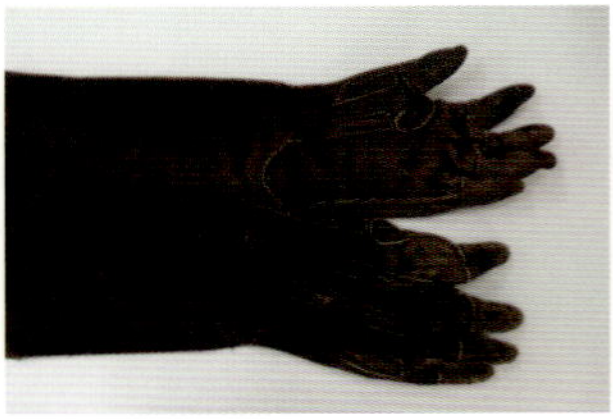

保定用の革手袋

肘下まで覆う厚手のキョン革の手袋。手首をつかまれても脱げるように太くしてある。

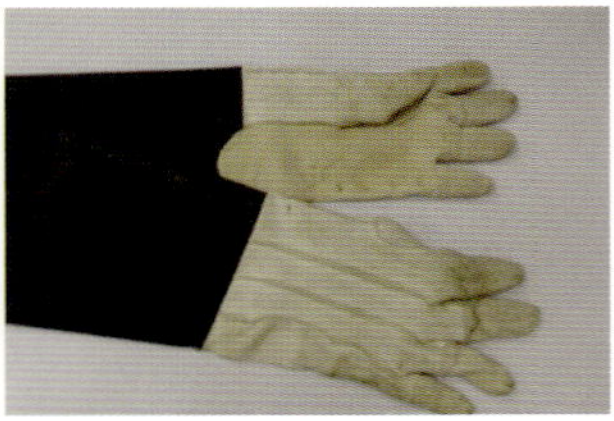

獣医診療用の革手袋

指の動きを妨げない薄い革手袋。しなやかなキョン革は猛禽類の爪が貫通しにくい。

脚の保定バンド

猛禽類の脚を保定するマジックテープ。自分の手首で痛みがないことを確認した。

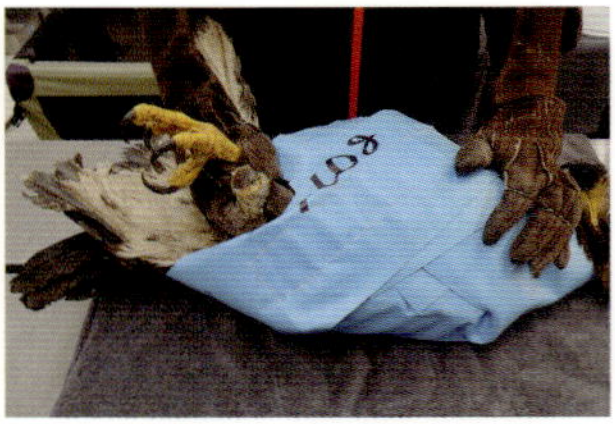

保定帯（ジャケット）

翼を動かせないように肩を固定できるたすきがけの形状。一人で診察する際にも便利。

シマフクロウのハンドパペット

ヒナの人馴れを防ぐため、スタッフが成鳥に似せたハンドパペットで給餌する。

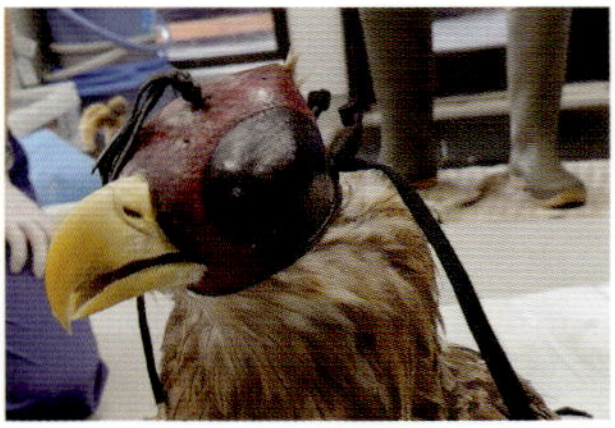

フード

目隠しをすると落ち着く鳥の習性を利用して保定のときに使う。5種類以上を用意。

野生猛禽類を専門に診るための診療具を、試行錯誤しながら開発している。止まり木に巻く人工芝、しゅろのマットやペットシートも消耗品として欠かせない。

終生飼育・リハビリ中の猛禽類に学ぶ

しぐさから読み取れる心理

飛翔への挑戦

片翼を失ってもなお飛び立とうと挑戦するオジロワシ。この姿を見ると胸が締めつけられる。

仲間とコミュニケーション

猛禽類の雄叫びには、仲間に危険を知らせたり自己主張したりする意味がある。

リラックスして入浴中

海ワシ類のオオワシやオジロワシは水浴びが大好き。リラックスしているときに見られる行動だ。快適に暮らせるようにQOL（生活の質）に気を使う。

攻撃は警戒心の表れ

給餌の魚をくわえつつ、人間（渡辺獣医師）に襲いかかるシマフクロウ。アグレッシブな気性の持ち主もいる。

野外調査・診察・飼育管理で大忙し

猛禽類医学研究所のチーム医療

サハリンでの
生態調査

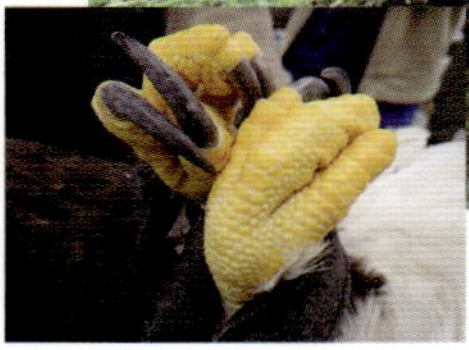

最大の武器は鋭い爪

立派なくちばしは私たちにとって脅威にならない。最大の武器は鋭い爪のある強靱な趾だ。

ロシアのサハリンで
オオワシの繁殖状況調査

12年間にわたってサハリンで行ってきたオオワシの繁殖状況調査。クライミングの技術を使って営巣木に登り、雛を捕獲して健康診断と送信機の装着を行う（撮影：阿部幹雄）。

車が横転して危うく…

マステロフ博士らと行った夏の調査（右）。越冬期のオオワシ調査では車がスリップして横転……九死に一生を得た。

スタッフの日常

まるで魚屋さん

入院や終生飼育している猛禽類の餌づくり。冷凍のホッケ以外にも季節によってはサケを捌いたり活魚を用意したり。スタッフは魚屋さんになった気分かも。

豪快な打ち水で涼しく

30度を超えた日、夏バテしそうな猛禽たちを見かねて高圧洗浄機でケージの外から冷たい水を散水！　少しは涼しくなっただろうか。

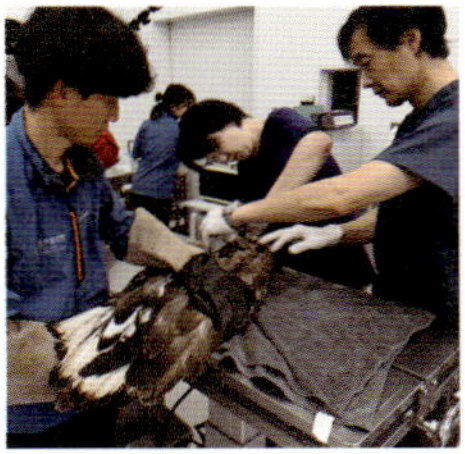

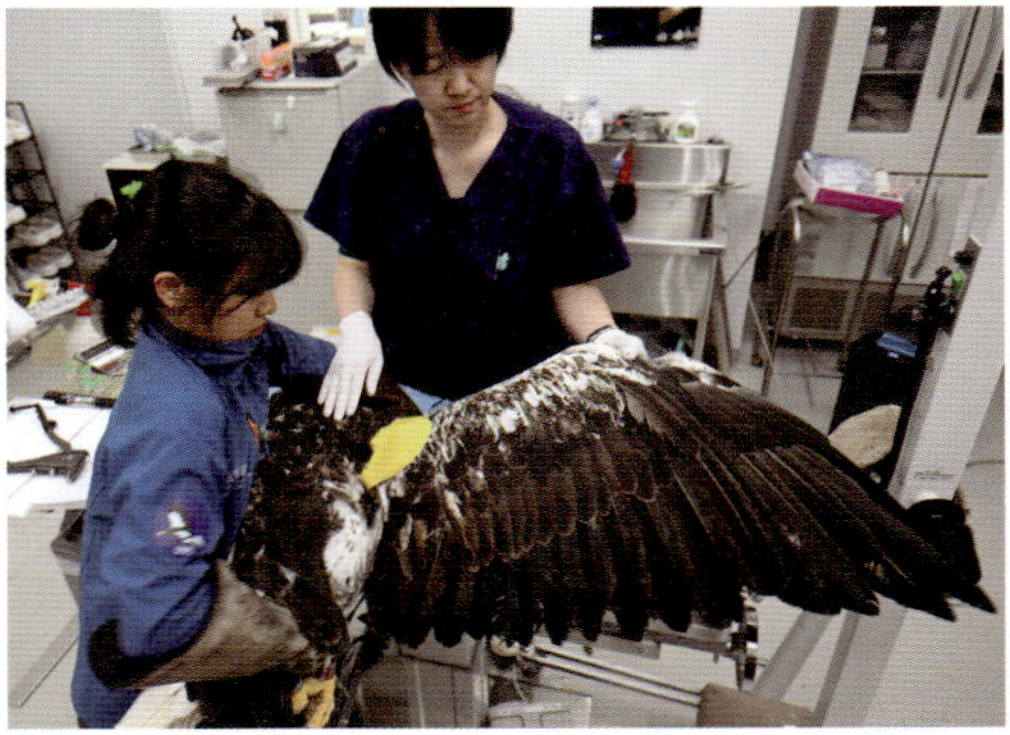

大型猛禽類は取り扱い注意！

鋭い爪と強大な力をもつオオワシやオジロワシ。取り扱いには特別な道具とテクニック、そして経験が必要だ。

傷病鳥のカルテ

自動車や列車の衝突事故による骨折、鉛中毒、農薬中毒などによる傷病鳥が収容される。代表的な症例の治療方法の一部を解説する。

骨折

車や列車への衝突、バードストライクなどの事故に遭った猛禽類の多くは骨折していることが多い。陶器のように硬い鳥類の骨は割れやすく、ヒビも入りやすい。

上腕骨骨折の症例

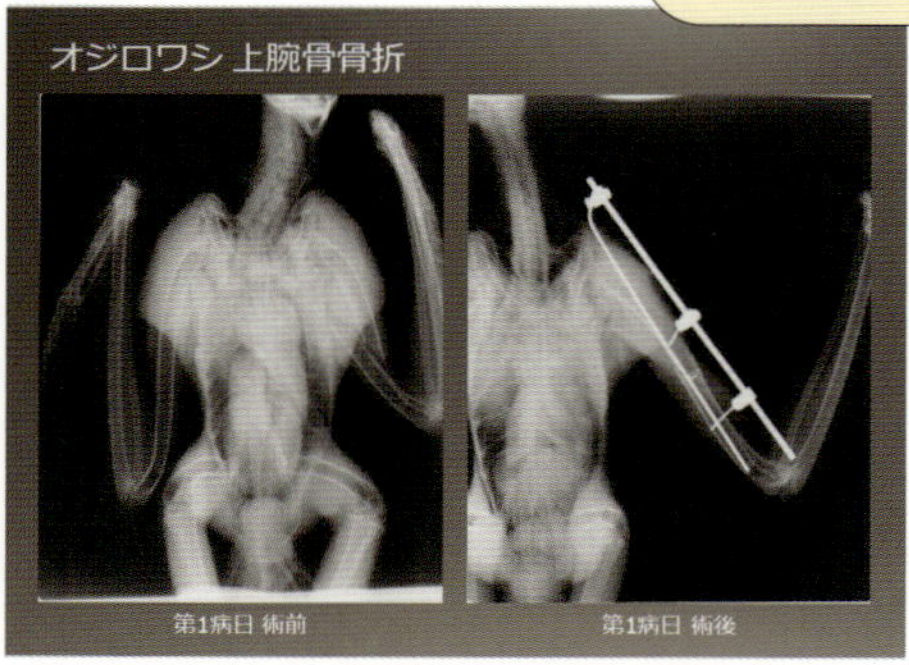

特殊な方法で骨をつなぐ

鳥類の上腕骨は竹筒のように中空になっているため、髄腔内にピンを入れて固定するだけでは軸転して（動いて）しまう。そのため、創外固定の技術を加えた、Tie-in法という特殊な方法で整復を行う。

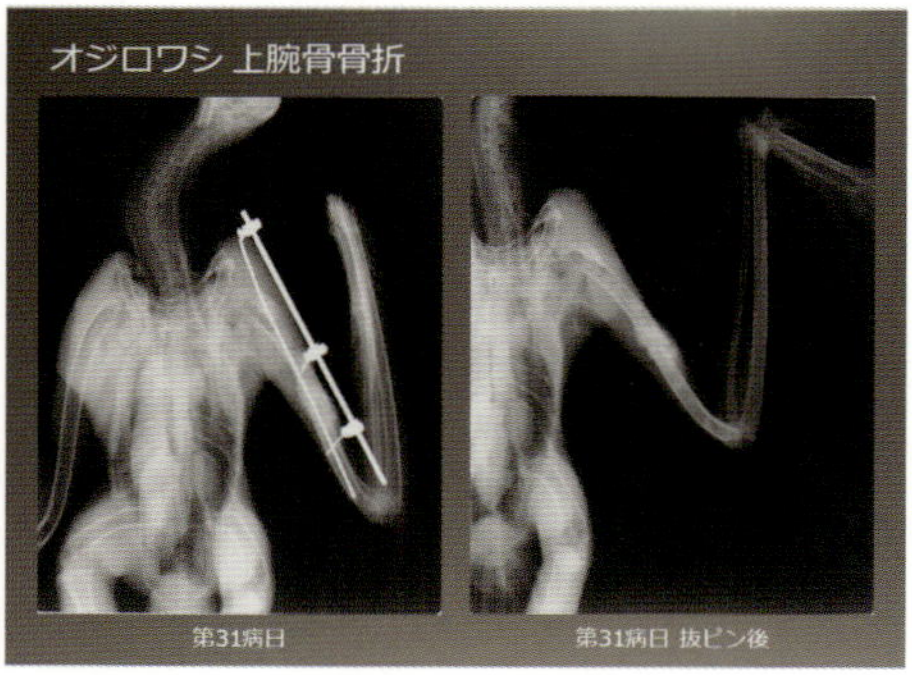

約1カ月で化骨

折れた上腕骨をTie-in法で整復し、翼をテーピングで固定したオジロワシ。約1カ月間で骨折した部分が完全に化骨し、抜ピンすることができた。

その後、リハビリケージ内で飛翔訓練などが施され、無事に野生復帰することができた。

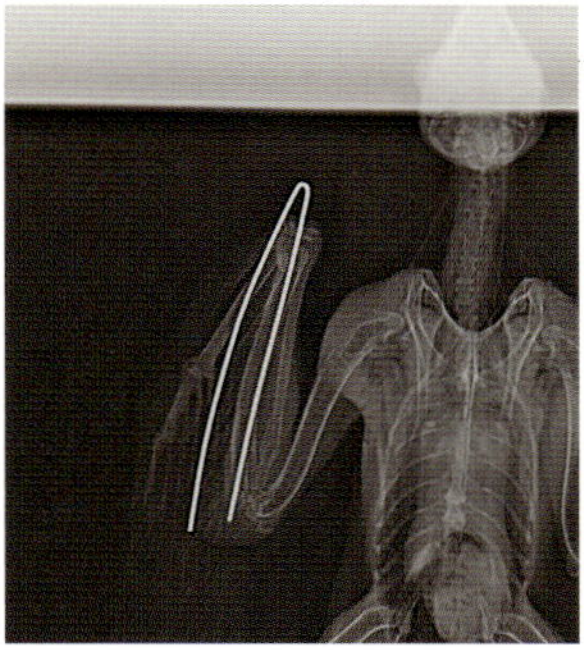

尺骨骨折の症例

全身麻酔下で尺骨を整復

尺骨の整復では、並行して存在する橈骨が副木の役割を果たすため、髄内ピンとテーピングのみで固定する。

骨折が治ったハヤブサは、廊下を使った飛翔訓練を経て、無事野生に帰ることができた。

脛骨骨折の症例

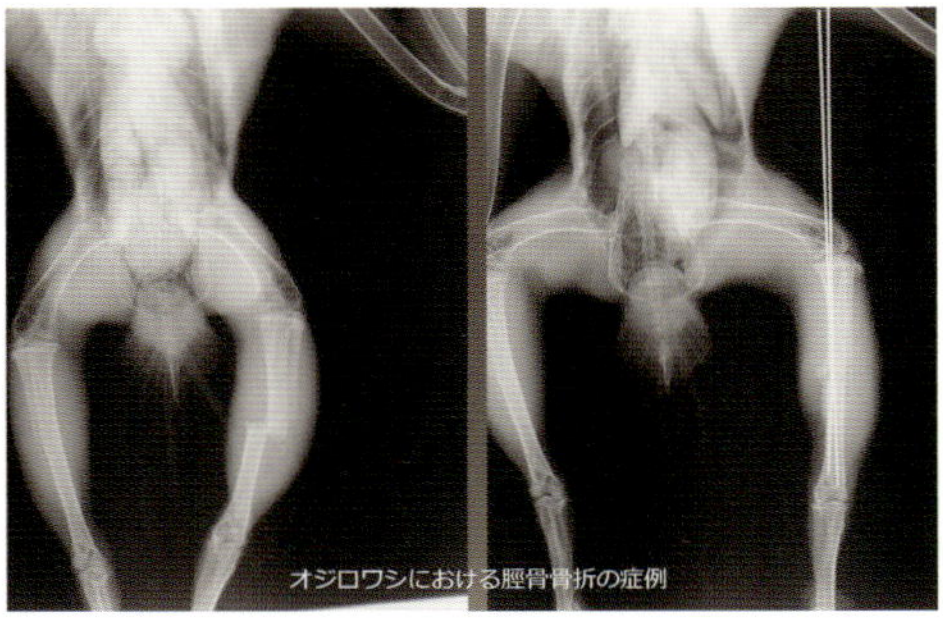

脚を骨折したオジロワシ

オジロワシの脛骨骨折の症例では、2本の髄内ピンとギプスによる外固定で骨を整復した。

リハビリを経て野生復帰を果たしている。

鉛中毒

鉛弾で射止められたあと放置された獲物を、多くのオオワシやオジロワシが食べ、肉とともに鉛弾を飲み込み、鉛中毒で死亡している。2000年から北海道内で始まった鉛弾規制後も発生しなかった年はなく、規制が順守されていない。鉛弾規制がない本州以南でも希少猛禽類の鉛中毒が確認されている。

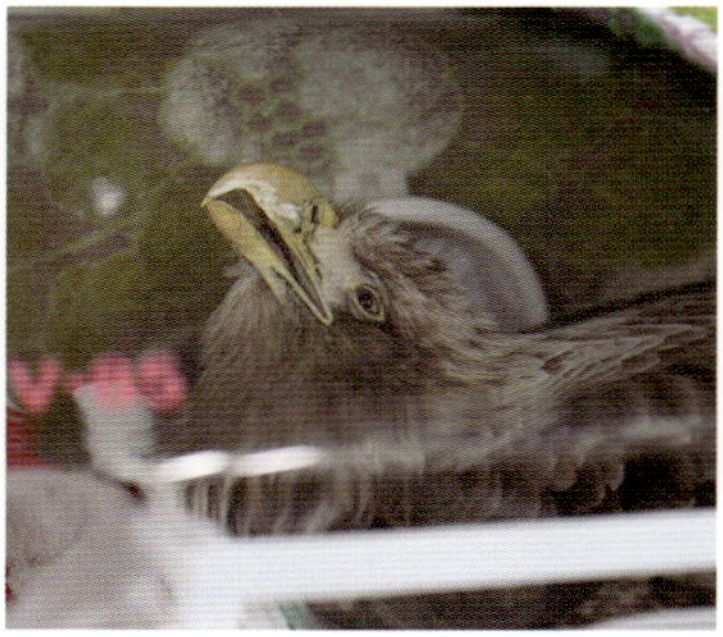

呼吸困難を起こしたオジロワシ

脳障害のため奇声を上げ、高濃度の酸素が流れるICUの中でも激しい呼吸困難を起こしている。

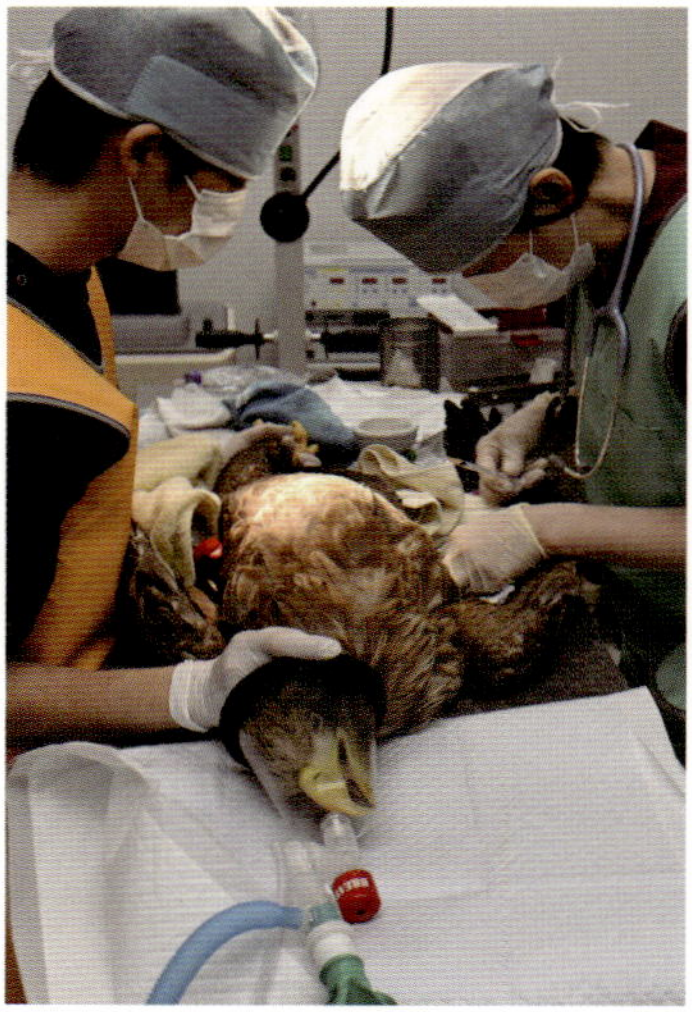

解毒に手を尽す

酸素を吸入させながら解毒用のキレート剤を静脈内に投与(右)。また、全身麻酔下で胃洗浄により鉛弾の摘出を試みた(右下)。

中毒を起こすさまざまな鉛弾

鉛中毒で死亡したワシ類のレントゲン写真。鉛ライフル弾、大型獣猟用鉛サボット弾(散弾)、水鳥用鉛散弾による鉛中毒が確認されている。

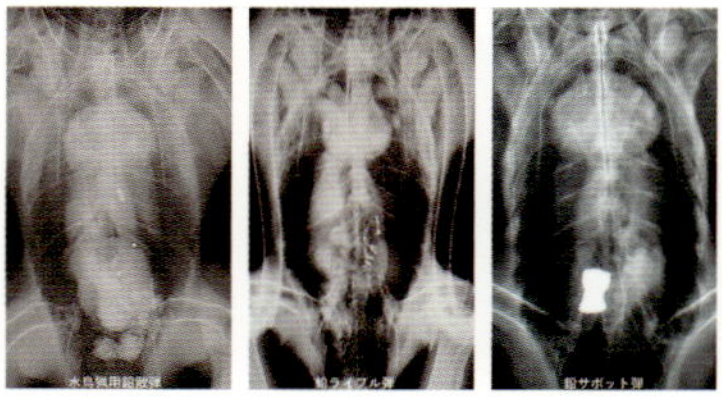

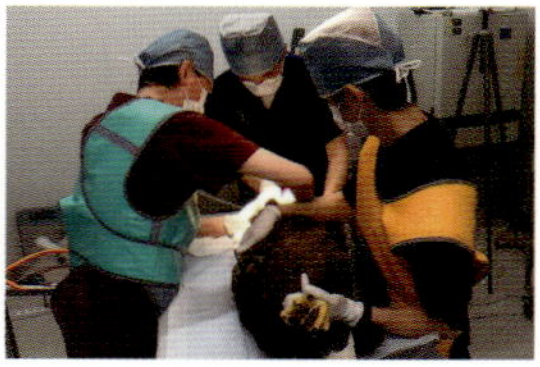

苦しみながらもICUでがんばっていたが、翌日死亡を確認した。

高病原性鳥インフルエンザ

高病原性鳥インフルエンザが世界的に猛威を振るい、北海道ではオオワシ、オジロワシ、クマタカ、タンチョウなどの希少鳥類でも確認されている。

転頭症状を示すオジロワシ

2022年には感染したオジロワシの生体も収容された。転頭症状（神経症状による頭部の回転）が起きている。

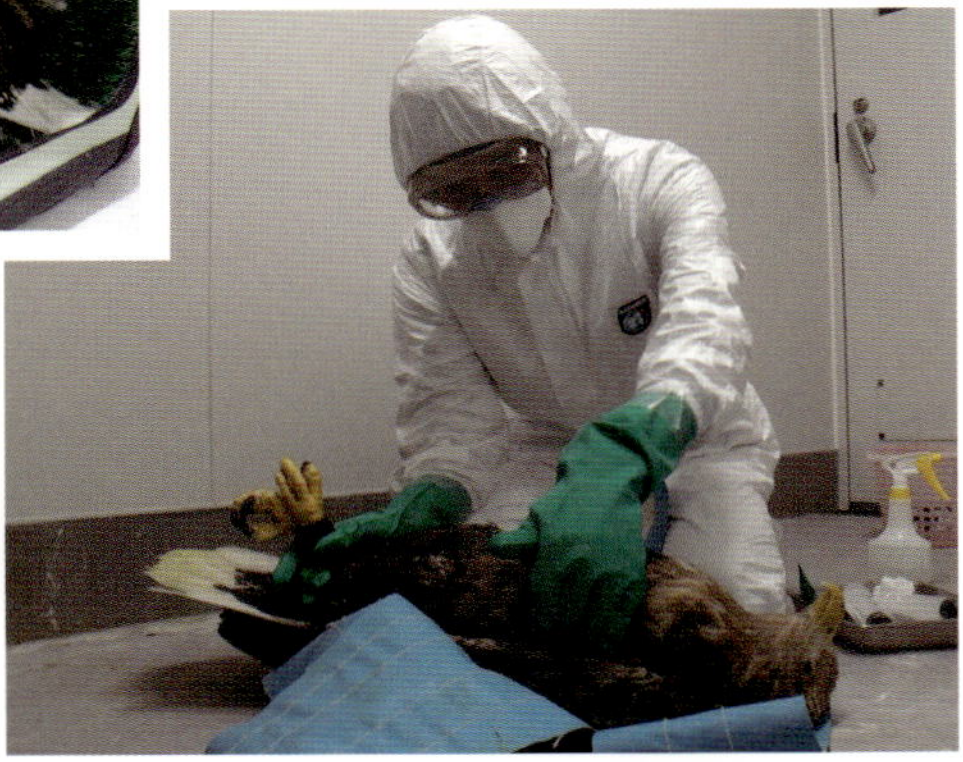

陰圧隔離室で研究治療を行う

環境省の了解のもと、陰圧隔離室で抗ウイルス薬による研究治療を行った。防疫のため私一人で半年ほど治療にあたった。

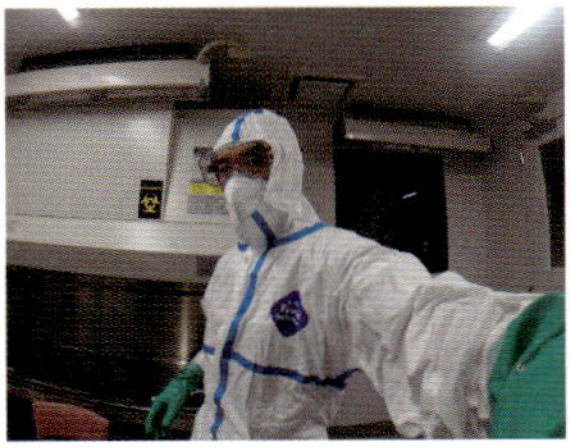

2024年9月までに、治療を試みた13羽中9羽の治療に成功し、うち2羽が野生復帰を果たしている。

感電対策

バードチェッカー

終生飼育個体で防止器具を実証

猛禽類が電線や鉄塔に触れる感電事故を防ぐため、危険な場所に近づけさせない器具をセンターのワシやシマフクロウの協力により開発した。

私たちと野生動物が共生する環境から危険を除き、安全を取り戻す取り組みを「環境治療」という。センターのある北海道釧路市では環境治療先進都市を宣言し、官民一体となって進めている。

バードチェッカーを避けて止まる

送電鉄塔のアーム端に取りつけられたバードチェッカーを避け、安全な場所に止まるオジロワシ。

北海道電力が猛禽類用のバードチェッカーを採用

終生飼育個体たちで効果が実証された感電事故防止器具「大型バードチェッカー」は、北海道電力で採用されている。

自動車事故対策

グルービングとデリネーター

エゾアカガエルを狙って事故に遭う

冬眠のため秋に水辺から上がって道路を渡るエゾアカガエルを狙い、道路脇のガードポールに止まって事故に遭う。

気づかせる対策と止まらせない対策

道路に溝をつけるグルービング(左上)により、路面に降りたシマフクロウに対して自動車の接近を音と振動で伝える。また、道路沿いのガードポールに止まるのを防ぐため、障害物としてデリネーター(視線誘導標)を設置。

ポール

安全な橋の上や下へ誘導する

川に沿って飛ぶシマフクロウは橋を低空で越えるとき、自動車に出会い頭にぶつかってしまう。そこで橋にポールを立ててポールの上や橋の下を飛ぶように誘導した。

シマフクロウの溺死対策

浮島

自然河川や湖沼で
溺れることはまれ

写真はセンター内のケージでリハビリ中のシマフクロウ。魚を捕獲する際に水深を見極め、浸かったとしても周囲の岩や倒木を利用して脱出できる。

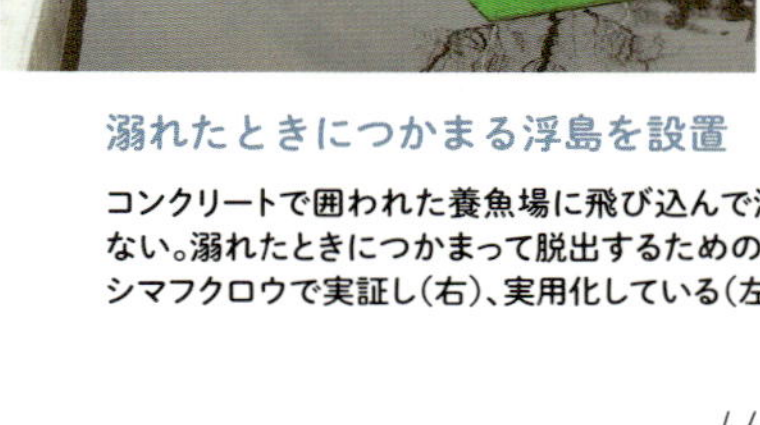

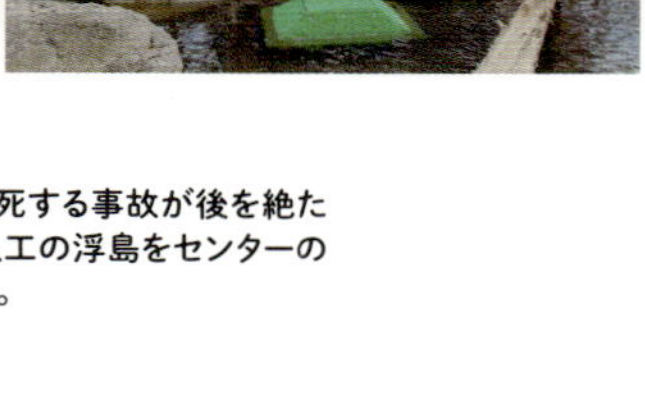

溺れたときにつかまる浮島を設置

コンクリートで囲われた養魚場に飛び込んで溺死する事故が後を絶たない。溺れたときにつかまって脱出するための人工の浮島をセンターのシマフクロウで実証し（右）、実用化している（左）。

列車事故対策

エゾシカ轢死体覆隠《ふくいん》シート

エゾシカを食べているワシに列車が衝突する

エゾシカの轢死体をワシが食べているときに後続の列車が衝突する。列車事故は即死や重傷を負うことが多い。

ワシの誘引を防ぐシートを開発した

上空から線路上を探餌するワシの目から、エゾシカの轢死体を隠すために研究所、環境省、JR北海道が協力して「エゾシカ轢死体覆隠シート」を作り、終生飼育個体が誘引されないことを確認。JR北海道や国土交通省で採用されている。

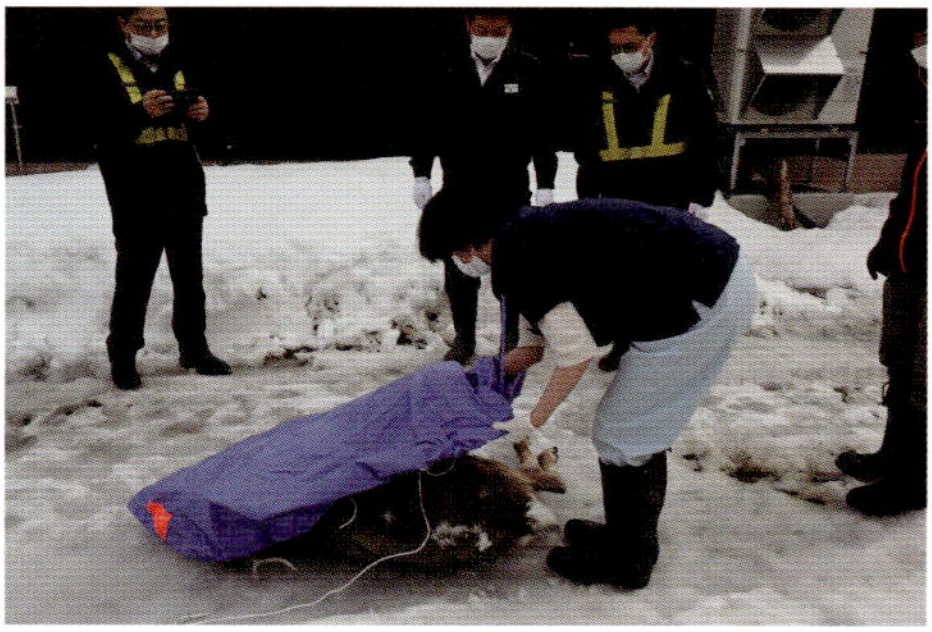

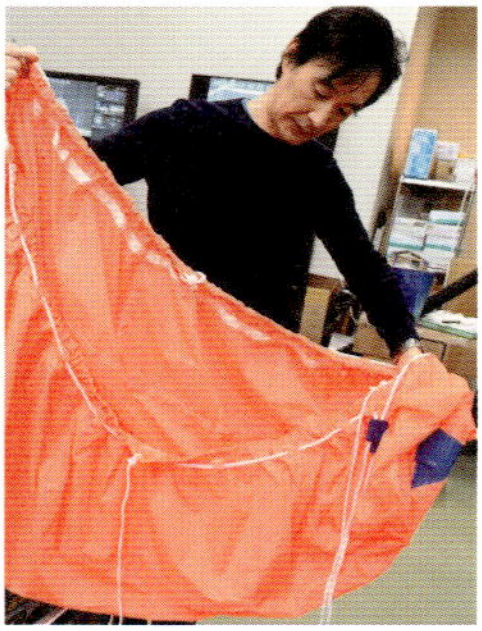

風車衝突事故対策

垂直軸型マグナス式風力発電機

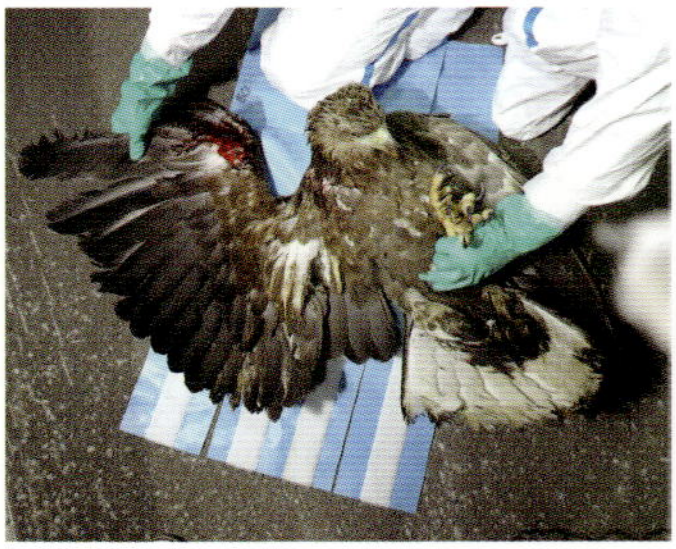

風車のブレードに当たって死傷

近年はプロペラ型発電用風車に衝突する事故が多発。時速300kmに達するブレードで翼や胴体が切断されて即死することが多い。まれに生きた状態で収容される個体もいるが、重度の後遺症により野生復帰できないものがほとんどだ。

プロペラがない風車の普及を目指す

株式会社チャレナジーのプロペラのないマグナス式風車の改良と普及を目指して共同研究を行っている。環境省の特別な許可を得て終生飼育のケージにミニチュアの風車を置き、ワシの反応を検証している。

第1章

賢い野生動物
今風の生き方

野生猛禽類の獣医師はどんな動物を診る？

「猛禽類ってすごいなあ！」

私が初めてイヌワシに出会ったときの率直な気持ちだ。２メートルにもなる翼を広げて滑翔する姿を見たときの気持ちを言葉にするとしたら、「畏怖《いふ》」が近いと思う。自然界で生き抜いてきた、野生動物の威厳に触れた瞬間である。

そんな強さと賢さをもつ猛禽類を、人間が傷つけている事実を知る。まさか自分が恐れを抱いた存在が絶滅の危機に瀕しているとは。ひとりの人間として責任をとるべきではないだろうか。

そして、私は野生猛禽類の獣医師になった。彼らに魅せられたことも理由のひとつだが、同じ地球に生きる仲間としてこれからも共生していくために何ができるか、と考えた末に決めたことだ。

今は北海道にある環境省の釧路湿原野生生物保護センターを拠点に、「猛禽類医学研究所」の代表を務めている。オオワシ、オジロワシ、シマフクロウといった猛禽類の診察を行う野生動物専門の動物病院だ。

野生動物を診《み》る獣医師になって31年になるが、希少種（絶滅危惧種）を専門とする獣医師は世界でもごくわずか。残念ながら、猛禽類と同じく希少種だ。最初は友人にさえ「趣味のバードウォッチングの延長で仕事ができてうらやましい」と言われてしまった。きっとみなさんにもなじみがなくて、想像しづらいのではないかと思う。

人間に飼われている動物を診る獣医師は、伴侶動物（家庭のイヌやネコ）、あるいは産業動物（家畜のウシやブタ）や展示動物（動物園のキリンやライオン）でも、けがや病気を治して家庭や施設へ戻すのがおもな仕事になる。

野生動物の獣医師は、基本的には人間とは関係ない理由で傷ついた野生動物を治療することはないが、例外として希少種は治療を行い、再び自然界に戻すことを目標としている。自然の営みの中で動物は食物や伴侶を巡って戦い、移り変わる環境に適応する過程でけがや病気になり、ときには命を落とすこともある。そんな自然界のルールに逆らうべきではないと考えている。

ところが、猛禽類医学研究所に運び込まれる猛禽類は明らかに人間の影響で傷ついていた。彼らと共生するために何ができるか。その答えは診察室の中ではなく「窓の外」にあったのだ。

人間と動物と環境は、3つまとめて「ワンヘルス」

人間の健康、動物の健康、自然環境や生態系の健康をひとつの健康としてまとめる「ワンヘルス（One Health）」という考え方がある。地球を構成する人間と動物と自然はつながっているからこそ、みんなで守っていこうという取り組みだ。

動物や環境に最も影響を与えるのはやはり人間の活動だろう。環境汚染物質、人獣共通感染症（人と動物の双方にうつる病気）が自然環境を介して広がり、悪影響を及ぼしている。自動車に乗る、エアコンを使う、食事をつくる、ゴミを捨てるといった私たち一人ひとりの日常生活の行動に起因することだ。ワンヘルスのバランスが崩れてしまった場合は、人間の責任として対策するべきだと考えている。

猛禽類医学研究所にはオオワシ、オジロワシ、シマフクロウを中心に、近年では毎年100羽弱の猛禽類が運び込まれる。タンチョウも含めると100羽を超える状況だ。いずれも「種の保存法（絶滅のおそれのある野生動植物の種の保存に関する法律）」によって、国内希少野生動植物種に指定されている絶滅危惧種だ。

私にできることは、彼らがもっている自ら治す力を引き出すこと。治してあげることではないと思っている。それでも、助けられなかった命を前に悔しい思いをしたことは数えきれない。どうして治せないのか、どうして死んだのか。彼らのけがや病気、死亡の原因を調べたところ、人間が関わる事故や中毒が大半を占めていた。

傷ついた動物を治療して野生に帰しても、

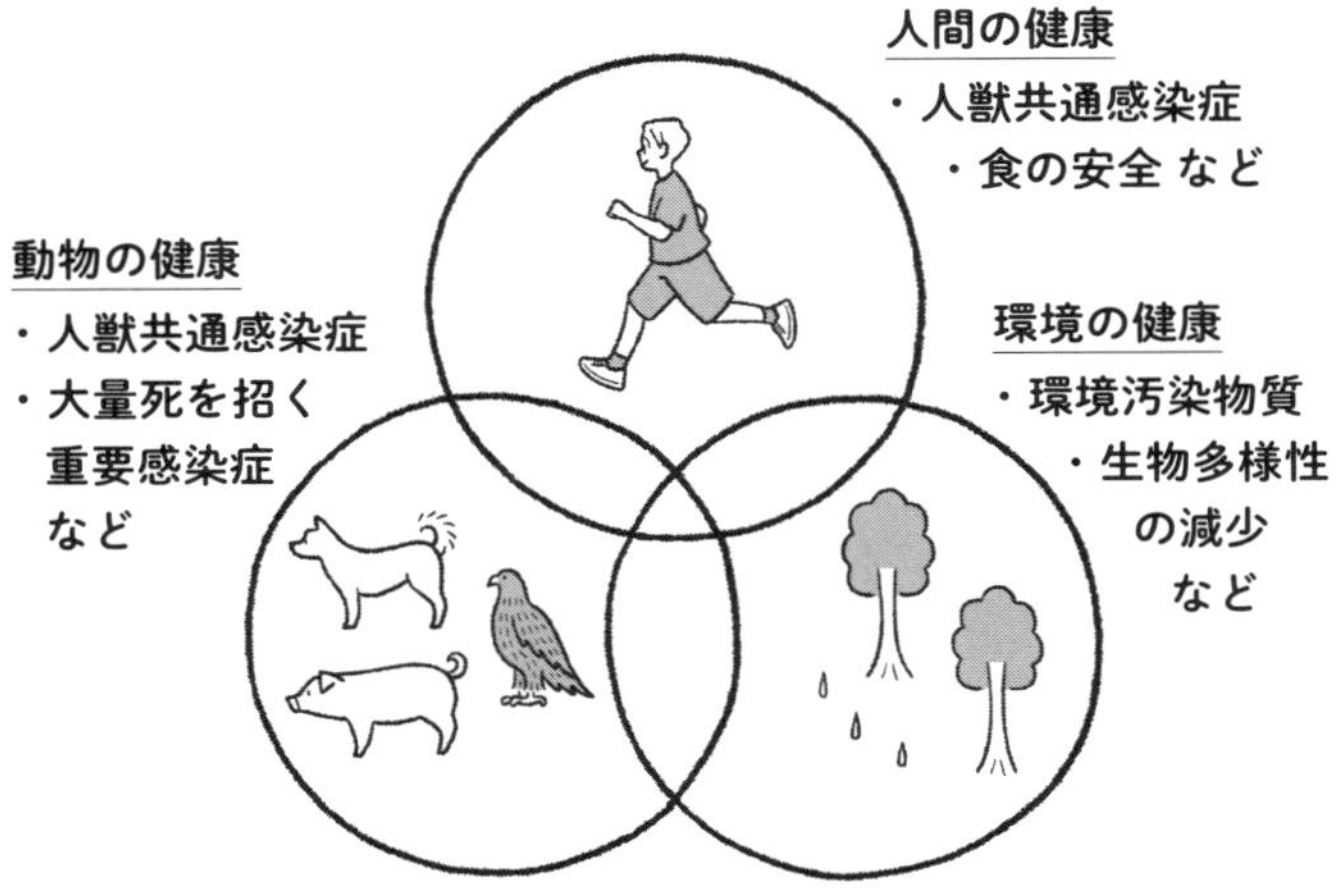

根本的な原因を取り除かなければ同じことを繰り返すだろう。ひとりの人間として責任を全うするにはどうすればいいのか、自分に問いかけてみた。獣医師として動物を治療するだけでなく、人間も動物も安心して暮らせる環境をつくることではないか？

共生の障害となる野生動物と人間の間にある問題、つまり「軋轢《あつれき》」を解消するために、研究所はワンヘルスの観点から、人間と動物が共生できる環境をワンヘルスとして守る「保全医学」の活動をすることにしたのだ。

［猛禽類医学研究所が行う保全医学の治療］

動物の治療＋環境の治療＋人間の病気の予防＝保全治療

人間活動に起因する事故や中毒、人獣共通感染症などの発生状況や機序を、傷病野生動物の治療を介して把握する。また、検死や野生個体の健康調査で得た情報と合わせて、環境治療（環境の改善）や人間の病気の予防へとつなげていく。猛禽類医学研究所はワンヘルスの観点を常に意識しながら、野生動物の治療や調査で得た情報をもとに人間・動物・環境の健康をバランスよく健全に保つことに取り組んでおり、これを総じて「保全治療」と呼んでいる。

野生猛禽類を治療する場合は、保全医学としての位置づけを意識して「野生復帰」を目指す。伴侶動物であれば個体を治療をするだけでいいが、希少な野生動物が本来生きる自然界に戻れなければ、種を構成する貴重な1ピースを失うことになり、生態系の健全性を含むワンヘルスの保全にはならない。

猛禽類だって生態系を守っている

ワシやタカ、フクロウなどの猛禽類はおもに獲物を捕らえて食べる肉食の鳥類で、生態系の頂点に位置する食物連鎖の上位にいる。食物連鎖とは、生物が食べたり食べられたりする関係を鎖のつらなりにたとえた言葉だ。生物は下位から上位に行くほど数が少なくなるので、「生態系ピラミッド」という図で表される。

野生動物は変化し続ける環境に適応する能力をもち、弱肉強食の競争を今日まで生き抜いてきた強者《つわもの》たちだ。動物は自然界のゆるやかな変化には進化によって適応できるが、人間はあり得ないスピードで環境を改変するから問題が生じてしまう。

だから人間は「元・野生動物」であり、生態系ピラミッドには入らないと考えている。1日で草むらが消える、1カ月で道路や鉄塔ができる、1年で森や川がなくなる……といった神のような力で急激な変化をもたらし、生態系ピラミッドが形成されている環境そのものを一瞬で壊滅させる能力をもつ存在になってしまった。短期間のうちに餌場や繁殖地を失えば、野生動物の生息数は減る一方である。人間が関わる変化に生物の進化がついていけないのだ。私たちは強大な力を認識して、行動しなければいけない。

ただし、日本とアフリカにいる生物がまったく異なるように、地域や季節によって食物連鎖もさまざまで、上位が入れ替わったりいなくなったり、あるいは中位が抜けていたりすることもある。また、広い行動範囲をもつ野生動物は、地理的に異なる生態系の中を行き

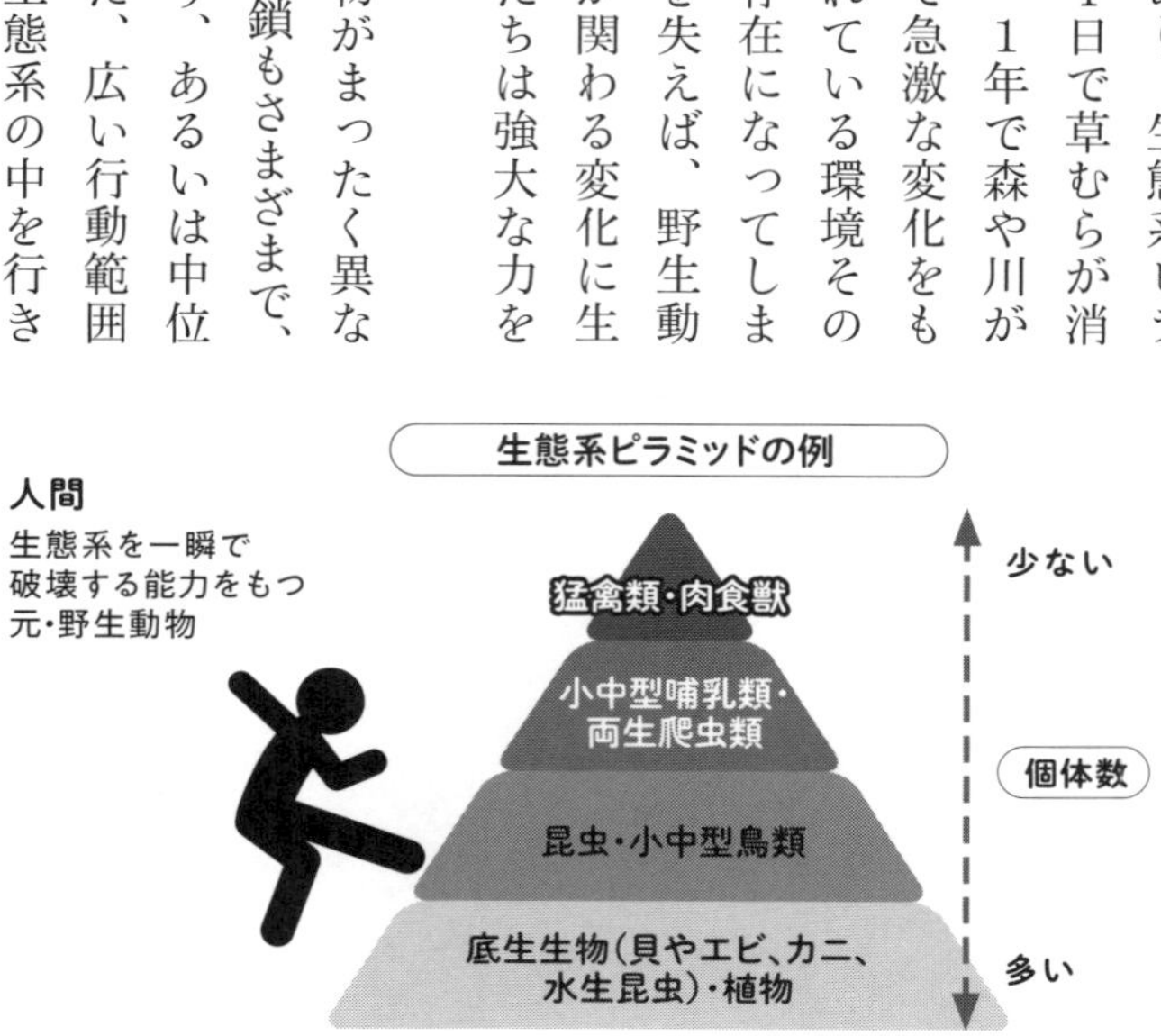

来しながら生きている。

ロシアのサハリンではヒグマがオオワシのヒナを食べるのでヒグマが上位になる。一方、ヒグマが冬眠する初冬にはオオワシが繰り上がるが、南方に渡去したら今度は誰が最上位になるだろう？　私が秋に北海道で野外調査をしているときヒグマに遭遇したら、全力で戦ったとしても食物連鎖の下位に組み込まれてしまうかもしれないが、彼らが冬眠する冬であれば生態ピラミッドの外にいられるはずだ。地球規模で見ればあまたのピラミッドが山脈のようにつらなっているイメージが近いと思う。

食物連鎖の頂点にいる動物が生きるには、下位の豊富な生物と広い場所が必要だ。猛禽類に焦点を当てて健全な生息環境を守ることで、地域の生態系全体を傘下に置くように保護できるため、傘にたとえて「アンブレラ種」といわれる。また、数は少ないながら生態系のバランスを保つ重心の役割もあり、石橋などの要石《かなめいし》（キーストーン）になぞらえた「キーストーン種」でもある。

さまざまな環境変化の影響を真っ先に受けるので、彼らの状況がわかれば生態系に起きていることを把握でき、人間と動物と環境を連携して守る対策も可能だ。希少種の野生動物に起きていることを調査するには、広い範囲を走り回らなければならないが、研究所に持ち込まれた傷病鳥や死体からもたらされる情報でわかることも多い。野生動物の救護活動は、原因究明も並行して行うことにより、ワンヘルスを念頭に置いた保全活動を効率よく行うためにも重要なのだ。

食物連鎖の上位に位置する生物ほど個体数は少なくなるが、シマフクロウのように絶滅危惧種になるほど激減してしまったものもいる。たとえ人間による傷病原因ではなかったとしても、希少種の救護を率先して行うのは、過去に彼らの生息環境を破壊したり殺傷したことで絶滅の縁に追い込んだことへの責任でもある。1羽の命を野生に帰すことが、将来生まれるであろう子世代、孫世代を守ることにもつながる。

人間をウォッチングして利用する鳥たち

人間と動物と環境の関わりでは、「人間の環境破壊ですみかを奪われたかわいそうな野生動物」という一方的なストーリーで語られがちだ。〝人間vs動物＋自然〟という対立の構図ではなく、したたかに生きている彼らの本当の姿も知ってほしい。

自然が豊かな場所に人間が入り込んで開発したという断面においては、確かに住めなくなって姿を消した動物もいるが、人間のつくり出した都市や道路などの新たな環境にやってきて、うまく利用している動物もたくさんいるのだ。

北海道に住む動物でさえ例外ではない。シマフクロウは道路を渡るエゾアカガエルを目当てにやってくるし、オジロワシは高所を求めて送電鉄塔にも止まる。私が住んでいるマンションの屋上では、春になればオオセグロカモメの巣を見かける。「高くて平らで巣作りにぴったり」と思っているのではないだろうか。

彼らは自然界に生活する場所がないからやむなく人間界にいるのではなく、人間の手によって変化した環境を見極めたうえで、自ら入り込んできている。これが賢い野生動物の今風の生き方だと思う。

人間がバードウォッチングを楽しむように、野鳥も人間を観察する「マンウォッチング」をしていると感じる。そしてうまく人間界に入り込み、私たちを利用しながら上手に暮らしているのだ。都市部に住んでいる人は野生動物の話を聞いてもピンとこないかもしれないが、はるか遠い大自然の中に隠れているわけではなく、すぐ隣にもいる。もはや人間と関わりをもたずに一生を送る野生動物はいないだろう。

あちらこちらで見かけるハシブトガラスも野生動物だが、ごみ集積所に餌を求めてやってくる。今では猛禽類のトビが海水浴場でお菓子を狙い、オオタカが公園で子育てをしている姿も見られるようになった。

海ワシ類と呼ばれるオオワシやオジロワシは、その名のとおり海や川の近くでサケやマスなどの魚を獲る猛禽類だが、漁船から落ちたり漁場の氷上に投棄されたりした魚や、狩猟や事故で死んだエゾシカを食べるようになった。

人間に近づきすぎた結果、得たのは利益だけでない。交通事故や感電事故、風車への衝突事故、さまざまな環境汚染物質による中毒に遭うことが増えている。しかも危険を学習する間もなく命を落としたり、自然界では生きられない後遺症を負ったりすることが多い。残念ながら猛禽類はカラスほどうまくは人間と共生できていない。人間の環境を利用しようとして近づいてきた賢い者が生き残れなければ弱肉強食に反するとも言えよう。

オオワシはイクラの一粒をそおーっと食べる

猛禽類が片眼視（それとなく観察）や両眼視（しっかり状況把握するために凝視）をしているときには、「おっ、こっちをマンウォッチングをしているぞ」と意識されているうれしさが込み上げるとともに、不安や警戒を与えないように距離を保っている。

共生のために人間との軋轢を解消するには、と頭をひねる私をよそに、猛禽類は人間を賢く利用している。水産加工場を通りかかったときに、廃棄されるタコにオオワシが群がっているのには驚いた。みじん切りにされたちっちゃいタコの切り身を一生懸命ついばんでいるのだ。「おまえはオオワシなんだぞ。本来はタコなんか食べないだろう」とおかしくなると同時に、野生動物のしたたかさには恐れ入った。

マンウォッチングの成果というわけではないだろうが、「なんだか人間くさいなあ」と感じる出来事もある。研究

所で飼育しているオオワシがサケの腹に入っていたイクラを相当気に入ったらしく、9センチもある大きなくちばしで一粒ひとつぶ、大切にそおーっとつまんで食べていることもあった。「うまい!・」と舌鼓を打っているようで、笑いをこらえきれなかった。オオワシがイクラ好きと知っているのは、世界中でも私とみなさんだけかもしれない。彼らに親しみを感じて、これからも共生していきたいと思ってくれたらうれしい。

自然界のルールと人間界のルール

私は野生動物の救護を〝自然界のルール〟と〝人間界のルール〟に則《のっと》って行っている。保全医学のなかでの活動に重きを置いているので、弱肉強食のなかで起きたことにはできる限り関わらず、治療の対象を基本的には人間との関わりで傷ついた野生動物に限定している(激減に至った原因に人間が大きく関与している多くの希少種については、その限りではない)。

けがや病気の原因が人間による危害なのか事故なのか、野生の弱肉強食の中で起きたのか、判断に迷う場合もあると思う。弱っている野生動物を見つけたら、まずは環境省や地公体に通報してほしい（第4章を参照）。これまでも一般の人々からの連絡で救われた希少種がたくさんいる。

野生動物が人間界に近づいてきたこともあって、目にした人間が自然界のルールに反した行為をしてしまい、結果として野生動物に対してマイナスの影響を与えてしまうこともあるからだ。たとえば「ハヤブサに襲われているヒヨドリがかわいそうだから助けてあげた」という話を聞いて、めでたしめでたしと喜ぶ人もいると思う。動物愛護の気持ちは理解できるが、本当に野生動物を守ることにつながっているのだろうか。もしハヤブサがヒナに運ぶ餌をようやく捕えようとしていたところだったら、ヒヨドリが自然界では生きられない障害をもっていたら？　助けることが自然界のルールに反すると考えざるを得ない。

近年では野鳥のヒナの誤認救護（必要がないのに誤って救護すること）も問題になっている。巣立ち雛（巣立ったばかりのヒナ）はすぐには自活できないので、しばらくの間親鳥から餌をもらって過ごす。うまく飛べずに地面に降りて休んでいるときに、人間が迷子と勘違いして保護してしまうケースが多発している。よかれと思って助けたつもりでも、鳥から見ればただの誘拐。自然の中で生きる術を学ぶ機会を奪われたヒナは、短命に終わってしまう可能性もある。善意で手を貸すことが、必ずしも良い結果を生むとは限らない。

意外と知られていないことだが、野生動物にむやみに関わることは人間界のルールにも反している。つまり、法律違反だ。「種の保存法」に守られている希少種はもちろん、スズメやカラスも「鳥獣保護管理法（鳥獣の保護及び管理並びに狩猟の適正化に関する法律）」で、行政の許可なく保護や飼育することは禁止されている。危険が迫っている場合などのやむを得ない理由があれば、先に個体の安全を確保（移動など）したあとで速やかに地公体に通報して保護収容の許可を取ることで違法にはならない。個人的には、緊急的に保護収容した後に確実に報告すれば、捕獲を容認してもらえるぐらいの柔軟性があってもいいように思う。

保護や飼育だけでなく、勝手に駆除するのもダメだ。自宅の軒先に巣を作ったツバメの糞害に悩んで巣を撤去したという話を聞くが、地公体などから特別な許可を得ずに駆除することは禁止されている。卵（受精卵）も野生動物と見なされるので例外ではない。自己流の対策が違法行為になるリスクを踏まえ、行政に確認する必要がある。

野生動物が人間界に入り込んでくるのは仕方がないが、「かわいそうだから」「迷惑だから」とこちらの気持ちや都合を押しつけるのは避けたい。人間は生態系ピラミッドの外に出てしまった存在ではあるが、自然界のルールを尊重するとともに人間界のルールを守ることが、ワンヘルスにつながっていくと思う。

珍獣ブームに異議あり！

私は子どものころからイヌやネコはもちろん、ブンチョウやマメルリハなどさまざまな動物を飼ってきた。自然の中で育ったから、野生動物とも友達のような感覚で付き合ってきた。種類を問わずかけがえのない存在だと思っている。

ところが、周りが飼っていない珍しい動物に価値を求め、中には密猟された可能性のある野生動物を高額で購入する人もいる。いわゆる珍獣ブームだ。日本には「ワシントン条約（絶滅のおそれのある野生動植物の種の国際取引に関する条約）」で禁止されている動物を正規の手続きを経ずに輸入する業者がいる。珍獣ブームによって、野生動物と伴侶動物の境目が本当に見えなくなってきたなと思う。だからこそ、密猟が横行するようなきっかけのひとつにもなっているのではないか。

国内の野生猛禽類は「種の保存法」や「鳥獣保護管理法」で捕獲や販売、飼育が禁止されているので、一般家庭で飼えるのは海外から正当な手続きを経て輸入されたり人為的に繁殖されたりした個体だ。たとえばクマタカを飼育する場合、日本産（固有亜種とされている）は禁止されているが中国産やインド産の亜種（種をより細かく分ける分類単位）は問題ない。生息地によって形態や遺伝的な背景が違うから区別はできるが、知らない人のほうが多いだろう。

これまでも日本産のクマタカを密猟されたものとは知らずにペットショップが仕入れ、これまた知らない飼い主に売ってしまうことがあった。飼い主がクマタカを動物病院に連れてきても、獣医師が気づけず診察して帰したケースもあるはずだ。

本来は獣医師が入手などの経緯を聞いたうえで、日本産の可能性が高い場合は「飼育する許可を取らなければ犯罪になるから、行政に届け出をしなさい」と伝えなければいけない。都道府県知事への登録によって普通種であれば傷ついた動物の継続飼育が許可される可能性はある（日本産の希少種を個人が飼育する許可が出る可能性はない）。まずは飼い主に違法の状態を脱するよう説明することが重要だ。獣医師は野生動物を守る最後の砦になるべきだと考えている。

自然界からのメッセージに耳を傾けて

研究所に収容された野生猛禽類たちは、重傷を負っていることも少なくないが、彼らの自ら治る力に驚かされることもある。感電事故によってやけどを負い、くちばしの一部と趾《あしゆび》を4本も失ったオジロワシは、センターでのリハビリを経て自然界で生きる力を取り戻した。リハビリと言ってもこちらが手を貸したわけではない。ケージに入れたあと、サケを千切ったり、活魚を捕まえる練習を積んだりした結果である。

ただ、治療によって必ずしも完治できるとは限らない。とくに翼やくちばし、脚に形態的・機能的な異常が残るような重い後遺症は、自力での生活が困難だ。センターでは、自然界で生きられなくなった70羽近くの猛禽類を終生飼育している。人間によって野生に帰れない姿にされ、一生を飼育下で暮らすことは野生動物にとって悲劇である。

懸命に治療しても野生に帰せなかったこともあれば、助けられなかった猛禽類もいる。また、救護に向かってもすでに死亡している場合も多い。それでも彼らを診れば、生態系のバランスや人間との軋轢が明らかになる。人間が関わる危害や事故の被害に遭って運ばれてきた傷病鳥獣を治療しているだけでは、病んでしまった自然環境を健全な姿にすることはできない。

私は野生動物が自らの命や痛みを引き換えに、自然で何が起こっているのか伝えてくれていることを知り、より良い形での共生という目標に向けて歩み続けている。あなたも私と同じ立場になれば、きっと同じことをするはずだ。本書を通じて自然界のメッセンジャーの声なき声を受け取ってほしい。

第2章
野生動物との出会い

フランスへ引っ越したら野生動物と友達になった

私と動物との関わりは、動物愛護や野生動物保護という視点で始まったわけではない。物心ついたときには、彼らは「隣にいる遊び相手」だった。野生の生き物の生態図鑑を食い入るように読んでいるうちに、自然界の大切さがいつのまにかインプットされたのだろう。

最初に夢中になったのは昆虫だ。草を蹴って飛び出してくるバッタをつかまえて遊んでいたら、「慶輔はなんで草むらを蹴飛ばして歩き回っているんだろう?」と両親が不思議がっていたことを思い出す。

弟みたいな愛犬のジャーマン・シェパードと一緒に、日々冒険した。

ただ、母は虫が苦手だったようだ。ビニール袋に毛虫をいっぱい入れて、母に「お土産だよ」と渡したら悲鳴を上げて家を飛び出してしまい、夕方になっても帰って来なくて父まで心配させてしまった。あるときは大切な図鑑のゴキブリのページを糊でくっつけて開《ひら》けないようにされてしまい、私が本気で怒ったこともある。

興味が野生動物へと移ったきっかけは、6歳のときに父の仕事でフランスに移住したこと。小学校の授業が終われば宝物の自転車に乗って森へ冒険に行き、落ち葉を拾ったりカエルを捕まえたりする〝狩猟採取〟の日々を送った。自然の中に身を置き、不思議を見つけては答えを探す。この体験が私の環境教育になったと思っている。

ハリネズミが交通事故に遭う原因を調査したこともある。すみかの森と餌場の畑を隔てる道路を渡るときに、自動車にひかれてしまったのだろうと結論づけた。子どもが出歩くには遅い時間に活動する夜行性（薄明薄暮性）なので、生きているハリネズミにはなかなか会えなかったが、見えなくても確実にいる野生動物の気配を感じることもできた。自然界の中でさまざまな動物たちと親しく付き合ってきたのである。

ただ、森で迷いかけたとき霧の中で佇む1頭のシカを見つけて、子どもながら荘厳な気持ちになったこともあった。私の身近に自然があるんじゃない、私が自然の中にいる。そんなことを意識させてくれる不思議な出会いにもたびたび遭遇している。

これは獣医師になってからも経験していることだ。野外調査のときにオオワシのほうから頭上に近寄ってきてくれたり、「なんかヒグマに会いそうだなあ」と思っていたらいきなり目の前に現れたりする(間一髪のところで逃げることができた)。

小学校の友達との交流も、振り返ってみれば今の私を形成する出来事が多い。通学路で「あそこの家の裏庭でヘーゼルナッツが穫れるよ」「野生のスイセンやスズランの花束を作ってお小遣い稼ぎしよう」と自然界の情報交換をするのも楽しい時間だった。

私に日本のことを尋ねられることもあった。子どもたちの間では日本の情報がごちゃ混ぜになっていて、「サムライの格好したお父さんがカメラを作っている」「失敗すると社長から切腹を命ぜられる」「家に帰るとお母さんが寿司を握っている」といった、さまざまなトンデモ情報があふれていた。だからこそ真実を自分自身でしっかりと明らかにし、誤解を解いていくといった行動も今に通じているのかもしれない。

子どもながらに〝日本人の代表〟として襟を正して過ごした記憶は、獣医師になってからも社会から信頼されるべきひとりの人間として、恥ずかしくないように生きるという決意につながっている気がするのだ。

「教えてもらう」なんてつまらない

フランスはハンティング（狩猟）が趣味として広まっている国なので、友達のお父さんがカモ猟に連れて行ってくれたこともあった。動物をかわいいと愛《め》でるだけでなく命をいただくことも体感した出来事だ。一方、「今年はカモが少ないな。撃ってしまうと次に来なくなるからやめよう」と、ただカモを眺めて帰る日もあった。ハンターだからこそ希少な獲物を撃つのが当然だと思っていた私は驚いた。

利己的ではなく俯瞰的に見て、自然を使わせてもらっている、動物を獲らせてもらっている、という意識があったのではないか。私にとって動物が遊び相手だったように、ハンターにとってはハンティングが自然との付き合い方なのだろう。「これからも身近でありたいものだから守るんだ」という考え方に触れた瞬間は記憶に強く残っている。

ハンターは獲物をすごく大切に大切に、全部いただく。食べきれなければ知り合いを呼んで分けたり、狩猟の話だって酒の肴《さかな》にしたりして余すところなく使う。カモが集まる場所、カモに気づかれない距離と気づかれる距離……など話題は尽きない。「うちで獲ったカモがいちばんうまいだろう」とハンターが言えば、ワイン好きの人はカモ料理に最適なワイン、農家の人は自分たちが作った野菜を自慢する。一般家庭の会話で手にしているものがどこから来たのか知る機会があり、私も集まりに参加しているうちにわからないことをすぐ調べる癖がついたのだ。当時はインターネットが発達していない時代で、疑問が湧くたびに図書館に入り浸っていた。

両親はアルプスやピレネーとかいろいろな山に連れて行ってくれたが、生き物に関して図鑑みたいな説明を受けたことはない。野生動物も高山植物も、自分で見つけて自分で調べるのが当たり前だった。両親は私が物心つく前に亡くなった獣医師の祖父から、自然との付き合い方について影響を受けていたのかもしれない。

教えてもらうのではなく体感する。自分の手にたどり着くまでのストーリーを知る。振り返ってみて気づいたが、これは自分のバックボーンになっていると思う。だから、野生動物がけがや病気をしたとき、あるいは死んだときに、「おまえ、なんでこんな姿になっちゃったの?」という疑問が私の中で芽生え、回答を模索している。

獣医師はヒーローだ!

小学校の理科の授業が森で行われることもあった。自分で見つけた1枚の葉を手がかりに、木の種類、花の色、実の形、根元に生えるキノコ、枝に巣を作る鳥、さらには顕微鏡を使って土の微生物まで……。人間がどのように森を利用させてもらっているのか、ということまで調べるのだ。授業の最後には大きな模造紙に自然に関わるすべての生き物を描いた。生態系ピラミッドまで体感できる貴重な時間だったと思う。

森の野生動物保護区でシカやイノシシの生態

友達と話すことも自然に関することばかり。森の中に新しい秘密基地を作る計画などを、時間を忘れて語り合った。

を学んだり、渡り鳥に足環をつけて生態を調べる方法を聞いたりする機会もあった。鳥類学者から、馬のたてがみを使って鳥を生け捕りするくくり罠（鳥獣の通り道に投げ縄のような紐を仕掛ける猟法）の作り方まで学んだ。馬のたてがみは人間の毛とキューティクルが違うので、キュッと締まると戻らないから罠に最適なのだとか（日本でくくり罠を仕掛けるには特別な許可が必要）。

授業だけでは飽き足らず、授業で知り合いになった街の動物病院にも愛犬を連れてよく遊びに行った。フランスでは獣医師が自然科学のエキスパートで、私にとっては環境やそこに住む動物たちのことを教えてくれるヒーローのような存在だった。

振り返ってみれば、自然を相手に悪い遊びもした。いくつかの野鳥の巣から色とりどりの卵を盗って両親に自慢したら、「親鳥が探しているから巣に返してあげなさい」と諭された。巣の位置はわかっていたが、どの巣にどの卵が入っていたのかを覚えていなくて、自己嫌悪に陥りながら必死に戻したことがある。あとで獣医師に話したときには、「巣の形や大きさ、木のうろや枝の上などの場所を、それぞれの卵の特徴と一緒に覚えておくといい」と教えられ、自分の観察力不足を恥じた。こうして自然との付き合い方や野生動物との距離のとり方が、知らず知らず身についたのだ。

フランスと日本の教育の違いにとまどう

フランスでは小学校が5年間で終わり、日本より1年早く中学校に進む。当時は12歳になれば将来を見据えてホワイトカラー（デスクワークを中心に行う事務系や研究系）とブルーカラー（作業系の職種）のどちらかを選ばなければいけない。

選択前に行われる特別な授業にはそれぞれの職種の専門家が呼ばれ、仕事の説明をするだけでなく生徒のあらゆる質問に答えてくれる。ホワイトカラーの授業には医師や獣医師、弁護士、会社員など、ブルーカラーの授業にはベーカリーやチーズ工房のメートル（maître／フランス語でマイスターの意味）や自動車整備士、工事の現場監督、芸術家などが呼ばれた。学校教育とは別に自分が目指す職業の専門家を探し、コネクションをつくって会いに行く生徒も珍しくない。若いうちから自分の歩む道のゴールを見据えて生きているのが日本との大きな違いだと思う。

私も小学校を卒業するころには獣医師を目指すとともに、いずれは自然界で生きる動物に関わっていきたいと、おぼろげながら将来の夢を描き始めた。

思いがけず父の仕事の都合で14歳のとき日本に戻ることになり、神奈川県横浜市の中学校に編入した。ところが全員が同じ制服を着ることも、教室で静かに授業を受けることも私にはなじみがなく、学校生活はとまどいの連続だった。同級生とも話がなかなか噛み合わない。日本では自ら体感する、将来を見据える、自然界と付き合う、といった考え方を身につける機会が少ないことも関係しているだろう。

フランスにいたころから柔道を習っていたが、自分と周りの違いを目の当《ま》たりにして心もとなく感じた。「日本人らしくならなければ」という思いがいっそう強くなり、中学校でも柔道部に入った。学校教育の集団行動にはなじめなかったことも理由だが、フランスでもサッカーをするときにゴールキーパーのポジションを選んだくらいだから、ひとりで打ち込むのが性に合っていたのだと思う。

高校生になって親に内緒で始めたボクシングは、プロを目指そうと思うくらい熱中した。社会人山岳会の知り合いに交じって、ときどき登山にも行くようにもなった。これらの習い事や趣味は、野生猛禽類を診るときに思いがけず役立つことになる。

まずは生態を知るべきだ

欧米では獣医師になるために、一般の大学を卒業してから獣医学の専門課程へと進む。ところが日本の獣医学教育は6年一貫制であるため、動物本来の生態など生物としての基礎的な知識を学ぶ機会が少ない。日本では獣医師の職域として、ウシ、ウマ、ブタ、ニワトリなどの産業動物の健康管理から始まったからだろう。しかし動物の腸管の長さや心臓のしくみを学ぶ前に、将来自分が診る動物の本来の生態や行動を学ぶべきではないだろうか。鳥の赤血球が楕円形だと知っているのに、肉食動物であるイヌとネコ、草食動物であるウシとウマにおける生活スタイルの違いを知らないのはおかしいと思う。獣医師は自分が診る相手のことをよく知らなければいけない。

私は自然界のエキスパートであるフランスの獣医師を思い描き、野生動物のことを学べる場を探した。そして、当時の日本で唯一、「野生動物学教室」という研究室を主宰していた和《にぎ》秀雄《ひでお》先生に教えを乞うべく、日本獣医畜産大学（現・日本獣医生命科学大学）に進学した。和先生は霊長類（サル）を研究していたが、「野鳥の獣医師を目指したい」と相談したところ、「私は鳥のことは専門外だが、自ら率先して研究に取り組むなら」と快く受け入れてくれた。私が勝手に師匠と思っているひとりだ。

和先生は霊長類の繁殖生理が専門で、野生動物医学は野生動物をより深く知るための強力なツールになる、ということを間近で学んだ。臨床に関しては基本的な健康管理のための動物の診察方法や検査などを習った。一方、学生の疑問に対してただ答えるのではなく、あらゆる可能性を探るため徹底的に議論の相手になってくれた。教えてもらうなんてつまらない、と思っていた私にとっては素晴らしい恩師である。

このころから野生動物の死因究明の必要性を感じて、大学内外の専門家にアドバイスを求めながら独自に学び始めた。

イヌワシが怖すぎる

大学生になってからはロッククライミングに夢中になった。切り立った崖を登るには一挙手一投足の決断が自分の命を左右する。仲間と一緒に自然を楽しむ登山よりも、険しい山をひとりで登り切るほうが達成感があった。フランスの森を冒険した子どものころを思い出し、自然と向き合う喜びがいっそう強く感じられたのだ。

確か2年生の春、ひとりで南アルプスの崖へロッククライミングに出かけた。崖を登っているときにふと背後に気配を感じたと思ったら、視界の隅に大きな鳥が飛び去っていく姿が見えた。初めて会ったその〝何者か〟に心を奪われて放心していると、岩肌に大きな影が映り、音もなく移動してくるのに気づいた。私の目線と同じ高さを2メートルもある翼を広げて滑翔する大きな鳥。得体の知れな

い者に対する恐怖を感じ、我に返ってあたふたと逃げるように下山した。

「いったいあれは何だったんだろう?」と、鳥の正体が頭から離れない。〝何者か〟を待つために南アルプスへ通っても会えない日が続いたが、調べるうちに猛禽類にたどり着き、生息地から考えてイヌワシと判明する。おそらく近くに営巣地があり、ヒナを守る親鳥の気迫を肌身に感じて、私は恐怖を覚えたのだろう。「猛禽類ってすごい」と強烈な印象を残した出会いだ。やがて人間との軋轢によって多くの種が数を減らしているという真逆の現実を知り、再び衝撃を受けることになる。

ネッシーよりオジロワシに会いたいんだ!

イヌワシとの出会いを経て、野生猛禽類の獣医師になる道を模索するようになった。研究室の和先生から海外にも目を向けるようすすめられ、野生動物の診療や保護活動に関する洋書を取り寄せては著者に手紙を送ることにした。インターネットが普及していなかったから文通である。返信が届くまでに数カ月かかることも珍しくなかった。

現在の猛禽類医学研究所の活動へとつながる転機になったのは、スコットランドでオジロワシの野生復帰計画を指揮するロイ・デニス先生と出会い、このプロジェクトに参加できたことだ。人間との軋轢によって絶滅したスコットランドのオジロワシを甦《よみがえ》らせるため、ノルウェーから移送したオジロワシのヒナを人工的に育てたあと野生に帰す取り組みである。ロイ・デニス先生は私のもうひとりの師匠だ。

プロジェクトの施設は、野生復帰を前提にした自然に近い育雛《いくすう》環境をつくり、人馴れを防ぐ最低限の管理で育てるための工夫が施されていた。ケージに作った人工の巣の中に複数の巣から連れてきたヒナを入れて異母きょうだいにする。人間の姿さえも極力見せないように給餌の

ロイ・デニス先生（左）、イヌワシ研究者のジェフ・ワトソン先生（中央）と、好奇心と元気さだけが取り柄だった20代の私。

際にもケージ後方に開けられた穴から餌を落とし、壁に開けられた小さな穴から内部を観察する。成長したらケージ前方の外倒し窓を開放して自ら巣立ちをさせるのだ。完全に自立できるまでは外倒し窓を下げておき、棚状にした窓の下部とケージ前で補助的な給餌を続ける。

野鳥保護団体、生物学者、獣医師などさまざまな立場の専門家が、それぞれの得意分野からプロジェクトを支えていたのが印象深い。獣医師が希少な野生動物の保全に深く関与できるという実態を目の当たりにし、大学生だった私はロイ・デニス先生の自宅に居候しながら、自分が将来獣医師になったらできることを話し合った。先生とは35年経った今も親交があり、できれば猛禽類医学研究所に招待したいと思っている。

もうひとつ印象に残っているのは、スコットランドではタクシー運転手までオジロワシの野生復帰計画をよく知っていたこと。最初は「日本からネッシーを見に来たんだろう?」とからかわれたが、プロジェクトのために来たことを伝えると「しっかり学んでいけよ」と励ましてくれた。現地の漁師や店員、主婦に至るまで、一般市民が野生動物保護の取り組みをよく知り、誇りに思っているのが衝撃だった。

時が過ぎ、今では海外から獣医師や学生が私を訪ねて研究所へ研修にやって来るようになった。彼らに向かって釧路のタクシー運転手は「しっかり学んでいけよ」と言ってくれるだろうか。

トビの「寅さん」と「さくら」

私は大学生のころから周りに野鳥好きで知られていたこともあり、鳥の治療を頼まれることが多かった。保護されたトビを譲り受け、映画『男はつらいよ』にちなんで「寅さん」と名づけて研究室で飼育したこともある。

寅さんは、在日米軍の横田基地で航空機衝突の事故に遭ったオスだ。基地の獣医師が折れた翼をピンで固定するなどの治療をしていたが、飛べるようにはならなかった。野生に帰れない鳥なので、飼育ストレスを軽減するために慣れさせる練習をした。しばらくして雌雄の研究ができるように金沢動物園からメスを譲り受け、「さくら」と命名。2羽には診察や採血、性別判定のための内視鏡検査などに協力してもらった。このときの経験は猛禽類の基礎的な飼育方法や健康管理、取り扱いを学ぶうえでも役に立っている。

大変だったのは、1羽につきネコ1匹分をゆうに超える餌代。スーパーで鶏肉を買ったり実験動物のマウスをもらったりして工面に奔走した。イヌやネコ用の缶詰も与えたが、種類によって食欲にかなり差があったので試しに自分でも食べてみると、高級ネコ缶が圧倒的においしい。2羽の食いつきのよさに納得した。ごはんの時間が近づくと「ピーヒョロロロ」と鳴いて催促する食いしん坊な一面が微笑《ほほえ》ましい。

今でもトビを診るたびに、寅さんとさくらを思い出す。

自分が診る相手を知るために、交通事故をはじめ感電や中毒、航空機衝突といったさまざまな原因で死んだ鳥すら引き取った。大学では野鳥どころかインコやオウムなどの飼鳥について学ぶカリキュラムすらなかったからだ。在学中だけでもハト、小鳥類、サギ、カモ、カモメなどの数百羽を解剖したり仮剥製を作ったりして、鳥類の形態学、解剖学、そして死因を究明するための野生動物法医学の技術も磨いた。

野生猛禽類を診るために足りないピースとは

野鳥の脚についている足環は、独自の番号が振られた個体識別票だ。おもに野鳥の生態を調べる「鳥類標識調査」のために使われる。最初に捕獲した際に種名、性別、年齢（齢区分）、場所などを記録してから足環をつけて放し、再び捕獲されたり死後回収されたりしたときに番号をもとに情報を照らし合わせる。世界各国でも採用されている方法で、日本では約100年前から行われている。現在は環境省が公益財団法人山階鳥類研究所へ委託している事業だ。

野鳥は「鳥獣保護管理法」や「種の保存法」で捕獲が禁じられているため、鳥類標識調査を行うにあたっては、同研究所がこれらの法的な規制をクリアするために認定した鳥類標識調査員（バンダー）のライセンスを持つ者に対して、環境省に許可申請する。バンダーは間違いなく種を判別でき、安全に捕獲し、安全に足環をつけ、安全に放鳥するための知識と技術がなければいけない。

私は野生動物の健康をしっかり把握するためにこれらが必要であり、診療技術の向上にも役立つのではないかと考えた。小鳥を標識するときは左手で鳥を保定し、右手に持ったプライヤーという工具で足環をつける。診療のときは、右手のプライヤーを注射器や聴診器に持ち替えるだけでよい。同研究所を訪ねてこの考えを話したところ、ライセンスの取得をすすめられた。しばらくは鳥類標識調査を手伝いながら鳥類学を学び、所員の人たちには野鳥の治療ができる獣医師の卵として重宝された。幸いにも大学3年時にライセンスを取ることができた。

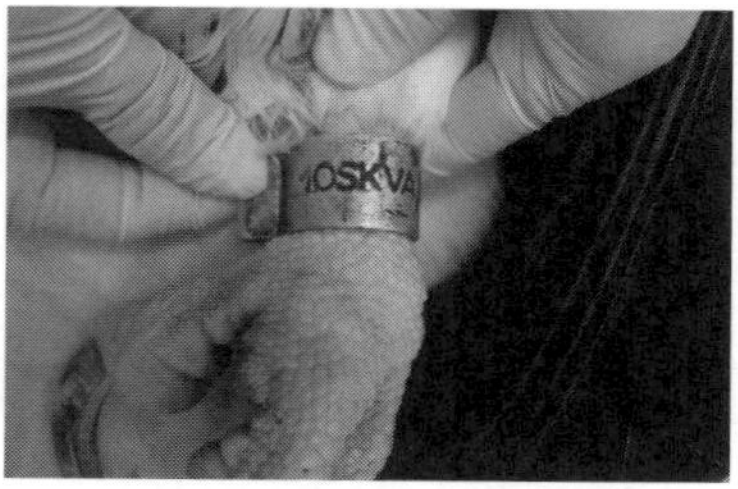

ロシアで標識されたオオワシが北海道で命を落とし、死体として運び込まれたときのもの(ロシアリング)。アルファベットと数字が刻印されている。

大学卒業後は小動物臨床（伴侶動物の診療）の基礎を学ぶために、東京都内の動物病院に勤めることにした。イヌやネコ以外の動物を受け入れていることもあり、毎日100頭近くの動物が来院する人気ぶりだ。院長先生の采配で私はコンパニオンバードの治療をメインに行い、さらに勤務のかたわら野生動物の研究も続けることができた。

血液検査のデータやレントゲンの読み方を学び、コンニャクで縫合の自主練を繰り返す毎日を送っているうちに、少しずつ獣医師としての自信がついていった。そんな生活をしながらも、相変わらず野生猛禽類の獣医師というゴールを見据え、仕事では獣医学、ライフワークとしては鳥類生態学と関わりながら、足りないピースを拾い集めることを積み重ねていった。

動物病院に勤めて2年になろうというころ、師匠の和先生から連絡があった。「環境庁（当時）がシマフクロウの健康管理を担当する獣医師を探している」と。ゴールへの道が一気に開かれたように感じた。院長先生が「野生動物に携わる獣医師の先駆けになる」と快く送り出してくれたのもうれしかった。

1994年、私は釧路湿原野生生物保護センターに同庁の調査研究員（名誉職）として着任した。「種の保存法」に指定されている希少な野生猛禽類（当時はおもにシマフクロウ）の治療（傷病鳥）と健康管理（飼育鳥）を任されていたが、保全医学をもとに環境治療（野生生物とのより良い共生を目指すための環境改善）まで一貫して行える専門機関をつくりたいと思うようになった。

そして2000年、自分が代表を努める組織を立ち上げ、2005年に「猛禽類医学研究所」として独立し、本格的に始動した。釧路湿原野生生物保護センターに拠点を置く現在の活動につながる基盤である。

釧路湿原野生生物保護センターに着任して間もないころに診た片翼に大けがを負ったオオワシ。大型猛禽類の救護を手探りで始めた。

第3章
人間と猛禽類のチーム医療

猛禽類医学研究所の毎日は大忙し

野生動物を診ていると、けがや病気の治療にも増して傷病の予防が重要だとわかってくる。傷つく原因が環境にあるなら、そこに住む人間にも何かしらの影響がある。ワンヘルスに基づく「保全医学」の観点からその可能性をひも解き、改善する試みが必要になるだろう。環境省から委託されている「希少種の保護増殖事業」の枠を超えることになるが、私にできることは何でもやりたい。

そこで、自分の考え方と価値観に沿って野生動物の保全活動を行うため、「猛禽類医学研究所」として独自の事業を始めた。行政からの委託事業以外の業務も行えるようになり、ロシアのサハリンでオオワシの生態調査を行ったり、傷病の原因を取り除き安全な環境に変える「環境治療」に取り組んだりと、活動の幅が大きく広がった。ここではみなさんに、環境省の委託事業と研究所の独自事業の内容を大まかに説明しておきたい。

①希少種の収容・治療・リハビリテーション・野生復帰

「種の保存法」で指定された希少種（シマフクロウ、オオワシ、オジロワシ、タンチョウ）の保護増殖事業の一部を環境省から委託されている。事故などで負傷したり、病気になったりした希少種の収容から野生復帰までの救護活動を一貫して行う。

②傷病個体や死体の検分による原因の究明

野生動物法医学により希少野生動物の傷病・死亡原因を究明する。環境省委託事業。

③終生飼育個体の活用

センターで飼育している野生に帰れない約70羽の猛禽類のうち、約40羽（今秋35羽から増員）の飼育管理費（人件費、餌代、飼育環境整備費など）を受けもつ代わりに、輸血のドナー、事故防止器具の開発などに活用している。環境省の承認を得た研究所の独自事業。

④野生生物とのより良い共生を目指した環境治療

野生動物の生息環境の中にある人間活動がもたらす傷病の原因を取り除き、安全な環境に変える、あるいは取り戻すための取り組みを行う。研究所独自事業。

⑤自然界に生息する野生個体の健康状態把握

鉛《なまり》汚染状況を把握するため、オオワシ、オジロワシ、クマタカ、カモ類などの捕獲調査を実施している。また、国内および海外で希少猛禽類の成鳥や巣内雛を捕獲して健康状態を調べている。研究所独自事業。

⑥追跡調査等による野生個体に対するリスクの把握

野生復帰する個体や調査で捕獲した野生個体に足環や衛星送信機を装着し、追跡調査を行う。生息環境と照らし合わせて事故や中毒などにつながるリスクを把握し、環境治療に役立てる。研究所独自事業。

⑦おもに次世代の育成を視野に入れた環境教育

環境省と連携してセンター内で飼育している終生飼育のワシたちを見学する「バックヤードツアー」（おもに土日祝日に実施）のほか、独自に企画したイベントなどを実施している。小・中学校、高等学校などで行われる環境教育の授業、全国で行われる自然環境や生物に関するイベントにも積極的に参加している。一部環境省と連携。

⑧国内外の研究者や関係団体との情報交流

獣医学をはじめさまざまな分野の研究者との交流に加え、ＪＩＣＡ（国際協力機構）の研修に参加する学生や海外の大学からのインターン生なども受け入れている。アジアやアラブ諸国の野生動物関連団体に招かれて、希少種保全や野生動物医学に関する研修講師を務めたこともある。研究所独自事業。

ふたりの戦友

私はメディアの影響でスーパードクターのように思われているかもしれないが、30年を超える活動で数えきれないほど多くの人々に助けられてきた。なかでも目的地への道が見えない困難を一緒に乗り越えてきた戦友がふたりいる。

ひとりは一番弟子の渡辺有希子獣医師だ。彼女は大学3年生のころから私の活動に参加し、猛禽類医学研究所を立ち上げてからは副代表として支えてくれている。最初の10年間は「自分がなんとかしなくては」と、がむしゃらにアクセルを踏みっぱなしだったが、渡辺獣医師はその時々において最善の状況をつくり出すために、ハンドル役やブレーキ役になってくれた。ふたりで始めた研究所にスタッフが増え、チーム医療を意識するようになったのは彼女のおかげかもしれない。

もうひとりの戦友は、ハンターの清水聡さんだ。今でこそ戦友と呼んでいるが、付き合いは穏やかではない出会いから始まった。1990年代の終わりに財団法人日本野鳥の会の依頼で鉛中毒に関する講演を行った際、彼は猟銃ケースを持った狩猟帰りの出立ちで会場内に入ってきたのだ。

当時は私がハンターを悪者扱いしているという誤解によって、銃弾を入れた脅迫状が届いたこともあった。猟銃を主催者側で預かれないか聞いたところ、銃砲刀剣類所持等取締法で本人しか管理できないという。「これはまずい。ケンカでは済まないかもしれない」と内心焦ったが、自分で安全管理してもらうことで折り合いがついた。

清水さんは、鉛中毒の問題にも静かに耳を傾け、ときおり真剣に考え込んでいたようだった。なぜ参加したのだろうと、講演が終わってそのまま帰ろうとする彼をあわ

てて呼び止めて参加の真意を聞いてみたところ、狩猟中に衰弱したワシを何度も見つけたことがあり、鉛弾が原因と知って銅弾を使用しているからだという。

清水さんは私と同年代ということもあり、すぐに打ち解けて親しくなっていった。さまざまな資材や機械器具を仕事で幅広く扱っている彼のおかげで完成した猛禽類用の大型ケージは、入院やリハビリに大いに役立っている。本人は巻き込まれただけだと笑うが、研究所の保全医学活動を理解したうえで支えてくれている貴重な存在だ。

オオワシの生態調査は、おそロシア

研究所を設立してからほぼ毎年、12年間にわたり、1カ月ほどかけてロシアでオオワシの生態調査を行

清水さん（左）とは戦友であり親友だ。ふたりで山奥に「癒やし小屋」と名づけた秘密基地も作った。

ってきた。オオワシは春から夏にかけサハリン周辺などで繁殖し、秋に北海道に渡来して越冬するので、保全のためにモスクワ大学の研究者と共に繁殖状況を確認していた。

最初のころは北海道の稚内港から船でサハリンのコルサコフ港へ行っていたが、やがて空路ができた。現地の研究者たちと落ち合ってユジノサハリンスクから夜行列車で1日かけて北東部沿岸のオオワシの繁殖地へ向かう。

ヒナを捕獲するためには高さ10メートルをゆうに超えるグイマツなどの大木を登らなければいけないので、学生時代にロッククライミングをやっていた私も担当した。全員で協力して手早くヒナの標識調査や身体検査を終え、再び巣に戻すまでは30分もかからない。ロシアで会ったヒナたちには、「無事に北海道に渡ってこい！」といつも呼びかけている。

私が頭の中でこっそりまとめているノンフィクション『秘境ロシアをゆく』からごく一部のエピソードを紹介したい。まずは保険会社に海外旅行保険を申し込んだら、「それは旅行じゃなくて冒険ですね」と加入を断られてしまうところから始まる。猛禽類の生態調査がダメなのかと思ったが、行き先にも問題があったようだ。

これまでにロシアでは、国境警備隊などに密航者や密漁者と間違えられて、7回ほど一時的ではあるが拘束されている。いつもなんとか誤解が解けて無事解放されるが、どうにかならないものだろうか。アサルトライフルと思しき銃を突きつけられるたびに、保険会社の判断は正しかったと思う。一方、シベリアの湖で遭難したところをやさしいナナイ族という先住民族に助けられたこともある。

ロシアは、恐ろしい思いもしたがおもしろい国でもある。何か困難に出くわしたときには、ウォッカがいちばん効くことがわかった。英語がある程度通じることもあるので、「まぁ、ゆっくり話そうや」と酌み交わせば仲良くなれる。封鎖されている道路も警備員にウォッカをごちそうすると開けてくれた。ウォッカは〝魔法の鍵〟なのだ。

だからロシアの案内人に食料到達を頼むと、ウォッカをケース買いされる羽目になることが多かった。貴重な軍資金の半分以上がウォッカ代に消え、自分たちは貧相

な食料と調味料で過ごすこともたびたびあった。しかも無保険なので、スタッフも含めて健康と安全確保が最優先だが、やはり日本の常識が通じない出来事に遭遇してしまう。ノンフィクションの全貌が日の目を見ることはないだろう。知っているのは、同行していた研究所副代表の渡辺有希子獣医師のみである。

齊藤だって慌てふためくときがある（渡辺有希子獣医師の話）

いつも冷静な齊藤だけれど、いちばん焦った姿を見たのは、サハリンへオオワシの野外調査に行ったときだ。窮屈な夜行列車から降りて解放感に浸っていたら、何か違和感が。「え、齊藤先生、調査費のポーチは？」と尋ねた瞬間、「あーっ!!」と叫びながらダッシュで列車へ。車内の狭い通路を器用に走り抜ける齊藤に追いついたら、座席下の収納庫に残されていたポーチを手に息を切らしていた。なんせ1カ月分の調査費すべてが入っていたの

だ。調査に必需品のウォッカも買えず、始まる前に終わるところだった（その後、貴重品は分散させることにした）。

保全医学は人間と猛禽類のチーム医療でいこう

猛禽類医学研究所のスタッフが増えるにつれて、チーム医療を意識するようになった。２０２４年9月現在、私以下８人のスタッフが在籍している。獣医師だけでなく、人間の看護師や高校教員、飲料の商品開発者などさまざまなバックボーンをもつ者が加わった。研究所の日々を、スタッフの話も交えて伝えよう。

野生動物のケアの難しさを実感する（谷 日菜子研究員の話）

人間の看護師だった経験を生かして入院した鳥のケアを行っているが、野生動物は人が関わることがストレスになるから難しい。たとえば先日落鳥（死亡）してしまった、片脚を断脚したタンチョウ。人間であれば断端部を清潔に保つために消毒や洗浄を日々行うが、野生動物は体調が急変することも。入院中の鳥のストレスを軽減させながら「残存機能の維持・向上」と、「褥瘡《じょくそう》ゼロ」のケアを目指している。

「共生」の思いを込めてグッズをデザイン（清水萌花研究員の話）

過去や現在の事故データ集計から、その先の対策に向けた解析や視察などの環境治療を担当している。猛禽類の魅力と問題を、研究所や専門の枠を超えて正しく適切に伝えたいと思い、絵を描くのが好きな私にできることのひとつとして、「共生」のコンセプトをもった研究所のグッズを作っている。問題を目前にできる場所にいるからこそ、責任を持って保全に向き合い続けたい。

チーム医療に加わっているのは人間だけではない。シマフクロウの「ちび」とオジロワシの「ベック」も大切な仲間だ。ちびは「シマフクロウ界からの親善大使」、ベックは「義嘴《ぎし》（人工のくちばし）の開発協力担当」として活躍している。ちびのことは母親役の渡辺獣医師から伝える。

シマフクロウの「ちび」と渡辺獣医師

２０１１年４月８日、本来であれば半日〜１日程度のはずのふ化に３日間もかかって誕生したシマフクロウのヒナがいた。６日早く産まれた兄と比べると体格差が目立つのが気になり、巣箱に設置された研究用のカメラで成長を見守ることにした。

５月26日、健康診断も兼ねた標識調査を行ったところ、兄が体重２１５０グラムと巣立ち間近の大きさに成長していたのに対し、弟はあまりにも小さい。６月４日に弟の標識調査を行った際の体重は１３６０グラム。親は給餌を続けているのに頭部や趾が明らかに小さく、成長異常の可能性が頭に浮か

センターに連れてきたばかりのちび。親をひっきりなしに呼ぶ声が切なかった。

んだ。6月10日には体重が1140グラムに減っていたため、やむを得ずセンターで一時保護することにした。

詳しく検査をすると、右側の目が小さく翼も短い右半身の成長不良(左右非対称)、尾羽の枚数が少ない、見慣れぬ物や音などの刺激が加わると頭が逆さになる神経性の発作を起こすことなどが判明。シマフクロウはかつて約70羽まで数を減らし、環境省の保護増殖事業で徐々に増加したとはいえ、現在でも北海道内に生息するのは200羽ほどだ。近交弱勢(近親交配によって生存能力が低下する現象)が起きやすい状況が関係しているのかもしれない。

私は、「ちび」と名づけたこのシマフクロウの母親役になった。発作のコントロールや健康管理のために、人間の存在がストレスにならないようにしなくてはならない。気まぐれで猫のような一面があるので、嫌がることをしないように心がけ、遊び好きなところを生かしてお気に入りの木の枝やひもを引っ張りっこする遊びで、人間と一緒にいることの楽しさを教えていく。名前や口笛を合図にして腕に止まってもらう馴《じゅん》致《ち》トレーニングや、周囲の環境に慣れるための散歩も始めた。

ちびが私を起点に他のスタッフや来客へと許容対象を広げていくうちに、ちびをもっと多くの人に見てもらえないだろうかと思った。齊藤も「終生飼育の猛禽類にも生きる意義を与えたい」と考えていた。たとえばイベントや出張授業でちびを見て息づかいを感じてもらえれば、ちびのことをみんなきっと好きになる。ちびを通じて野生のシマフクロウが置かれている現状や環境について知ってもらうことが、共に生きる道のりの始まりになるはずだ。

環境省や研究者と協議を重ね、ちびが1歳を迎えた春、釧路市内の児童施設で行われた環境イベントに参加した。ちびを目の当たりにした子どもたちは、目を輝かせて柔らかい羽にそっと触れていた。ちびの緊張が私の腕から伝わってきていたけれど、「しょうがないなあ、触らせてあげるよ」と自分がなすべきことを理解しているような振る舞いをしてくれていた。「シマフクロウ親善大使」の誕生である。

2歳の春、テレビのニュース番組に生出演することになった。控え室のドアには大

御所芸能人のように「ちび様」と書かれた張り紙と、本番の雰囲気に慣れさせるためのリハーサルまで設けられる厚待遇ぶり。齊藤が喜んで写真を撮っていた。本番では、私が腕を少し上げた合図に合わせて羽ばたく姿を披露。アイヌの人々に「カムイ（神）」と呼ばれてきたシマフクロウの威光や魅力が伝わったのではないか。ちびの仲間が絶滅の危機に瀕している現状も知ってもらえるきっかけとなったと思う。

車移動に限られるちびとの活動は北海道内がメインだったが、イベントやテレビに出演したり絵本のモデルになったりした活躍の記録は今も見られる。子どものころにちびと触れ合った思い出を話してくれる人もいる。

人間とシマフクロウをつなぐ親善大使として活躍してくれたちびは、2019年9月4日、8歳で亡くなった。約2カ月前から発作をコントロールしづらくなり、治療を重ねてきた。動物は人間と違って自ら望んで治療を受けるわけではない。治療は野鳥にとって嫌な行為であり、ストレスを与えていることを考慮しなくてはならない。「この治療が改善につながるのか」と、大きな葛藤を抱えながらの闘病だった。

でも、目の前で消えゆこうとする命を受け入れることが、どうしてもできなかった。

この注射を打ったとしても回復は難しいかもしれない、と頭で理解をしていても、失いたくないと私のわがままを通してしまったように感じている。「死なせてしまった」という大きな後悔が今も残っている。

その後、齊藤の指示で私がちびの解剖を行った。私も自分が切るべきだと思った。解剖すると、脳や臓器に先天性の異常があったことがわかった。この子の寿命は限られたものだったのかもしれないが、障害を乗り越えて自分の役割を精一杯果たしてくれたことをみなさんに伝えたい。

ちびは今でも研究所の大切なスタッフだ。「シマフクロウのために、自然界のためにもうひと働きしてもらおう」という齊藤の案で、ちびを剝製にして施設の展示室に移した。みなさんも釧路に来ることがあれば会いに来てほしい。ちびが確かにいたことを、唯一無二の存在であったことを感じてもらえたらうれしく思う。

ちびとのお散歩。人の生活の中で暮らしてもらう中で、さまざまな物や音を体験し、慣れてもらう必要があった。

義嘴をつけたオジロワシの「ベック」

もう1羽のスタッフの猛禽類はオジロワシの「ベック」。フランス語で「くちばし」を意味する名前だ。2019年4月、交通事故で上くちばしと片目を失い、頭蓋骨が見えるほどの重傷を負った状態で保護された。幸いにも一命を取り留めたが、自然界では自活が難しいので研究所での終生飼育となった。鳥のくちばしには人間の口や手の役割があるため、傷が癒えてもくちばしがない状態ではQOL（生活の質）が大きく下がってしまう。自分で餌を食べたり羽繕いをしたりできるようにしたい。

くちばしが折れた鳥のために骨にねじで固定するタイプの義嘴を制作したことはあったが、根元の骨まで失っているベックには使えない。

そこで子どもの歯科矯正治療を行う歯科医師の遠井由布子先生に相談したところ、矯正用ヘッドギアを参考にして後頭部で固定する方法を提案された。私が通う歯科医院の大島尚久先生に話したときは驚いた様子だったが、私の活動を知っているので、同じく歯科医師の船越誠先生や歯科技工士の古谷博さんとともに義嘴の開発に協力してくれた。

ベックは義嘴の試作品のフィッティングや型取りに協力的で、麻酔をかけなくてもじっと我慢してくれる。猛禽類のくちばしは大きくても軽いので、強度と軽量化を兼ね備えたアクリルで制作し、バージョンアップするたびに使い心地をしっかりチェックすることにした。

2021年12月に完成した第一世代の義嘴をベックにつけたとき、「くちばしの使い方を覚えているだろうか」と心配する私たちをよそに、彼はうれしそうに羽繕いを始めた。鳥がリラックスしているときに見せるボディランゲージでもある。魚を渡せば受け取って食べられるようになり、翌年11月には自力採餌も可能になった。義嘴を使っておいしそうに魚を食べるベックを見て一同の笑みがこぼれる。改良を重ねた2023年末には、長さ12センチ・幅最大7センチの大きさに対し、重さ33グラム程度とスプーンより軽い第2世代の義嘴が完成した。

世界でも類を見ない試みということもあり、今でも鳥にストレスを与えることなく完全に義嘴を固定させることに苦労している。鳥のくちばしは、ものを嚙んだときに上下から力が加わるため、義嘴（上くちばし）が上向きにはずれやすいのだ。また、傷口に刺激が加わり続けた結果、組織が増生して盛り上がることで、痛みや違和感を覚えていると思われた。ベックが首を振っているときは違和感のサインだが、できる限り快適に使えるよう今後も改良を続けていく。

ベックがテレビ番組などで紹介されたこともあり、応援してくれる人が増えてきたのは心強い。もっと多くのみなさんに彼の存在を知ってほしいと思い、研究所が行っているクラウドファンディングのグッズなどにも登場させている。ただ、私たちの取り組みを美談として片づけられるのには違和感がある。自然界で生きられない姿になったベックから、人間との軋轢を感じ取ってほしいと願っている。

傷ついた猛禽類が受け入れられる日（河野晴子獣医師の話）

ベックは私が入所した年に収容された鳥だ。頭蓋骨が見えた状態で、「こんな傷だらけでも生きているのか」と初めて診た傷病鳥に驚いた。幸いにも体にけがはなく、治療を重ねるごとに顔の傷も癒えていった。ようやく美しいオジロワシに戻ったんだ、と私は思っていたが、初めて見る人は左目やくちばしがないことにショックを受けるようだ。釧路新聞で毎月の連載記事を担当しているので、傷病鳥の現実を伝えたいと思う一方、一般の人々にどこまで受け入れられるかと悩みながら執筆している。

けんかっ早い個体にご用心

猛禽類を調査・診療するときには威嚇だけでは済まずに攻撃してくることもあるので、常にボディランゲージを読み解かなくてはいけない。猛禽類の野外調査をするときにはさらに注意が必要だ。ワシより小型のタカ類は繁殖期には攻撃してくることが多く、モビング（威嚇行動）に続いて鋭い爪までかけてくる。私の背中にあるクマタカにやられた傷が証拠だ。

ヒナに標識をつけるためにカツラの大木に登っている最中で手も足も出せない状況だったから、攻撃をしのぎながら調査を続けるしかなかった。背中を蹴られて丈夫なネルシャツが大きく裂け、流血沙汰になってしまった。クマタカは翼開長１６０センチ程度なのでオオワシやオジロワシよりは小さいが、爪がとても鋭いため本気の攻撃は怖い。調査を終えて地上に戻ったら、渡辺獣医師が笑いながら生傷の記念写真を撮ってくれたが、まずは私の治療ではないだろうか……？

シマフクロウも個体やつがいによって気性に差があり、アグレッシブなタイプは営巣地に近づく人間を背後から蹴ってくる。

終生飼育個体の中にも、態度がでかいやつがいる。マンウォッチングで新人の所員を見つけると「おう、新入りか？」とばかりにわざわざ歩み寄ってくる。スタッフたちも早い段階でボディランゲージが見分けられるようにならなければいけない。

猛禽類の心がまえ（児島　希獣医師の話）

野生動物、とくに小鳥やタンチョウは繊細で、触診のときにショックで落鳥する恐れもあるので気を使う。一方、猛禽類は心がまえが違うというか、どっしりしていて少々のことではびくともしない頼もしさがある。齊藤や先輩はもちろん彼らからも学ぶことは多く、野生動物保全に関わる獣医師として成長していきたい。

終生飼育個体も活動に協力している

猛禽類は普段から凶暴なわけではない。野生動物は人間を警戒するのが当然で、自分やヒナを守るために攻撃したり逃避したりする。センターで終生飼育しているワシの中でも人の姿を見ただけでケージの隅に逃げてしまうような個体は、人の出入りがある家屋から離れたケージに入れている。展示ケージにいるバックヤードツアーで会えるワシは、人間をわりと許容してくれる穏やかな者が多い。体をかいたり伸びをしたりする姿を見られたら快適に過ごしている証拠だ。

ツアーガイドで環境教育に貢献（大戸聡之研究員の話）

高校の講師をしていた経験を生かして、バックヤードツアーのガイドを担当することが多い。「おもしろかったからまた行きたい」と声が届くと励みになる一方、私たちが当然のように認識している人間との軋轢の影響を認知していない人がいることを実感する。「おもしろい」の先にある傷病鳥の現実を周知していきたい。

やんちゃで繊細なオジロワシの馴致トレーニング中（尾里めぐみ研究員の話）

終生飼育が決まってしまった若いオジロワシの馴致トレーニングを担当している。止まり木にとまる↓革手袋に慣れてもらう↓革手袋を着用した腕をオジロワシの足に近づけて腕に乗せる↓腕に据えて歩く、という流れで練習してきた。「こっちくるな！」と蹴りを入れてくる反面とても繊細な性格で、止まり木の形が変わったり私の髪型が変わったりという小さな変化でもとまどってしまうので、トレーニングのときは同じ服を着るように心がけるなど、配慮しながら練習中だ。

収容個体から得られるデータを環境治療へ（沖山 幹研究員の話）

衛星送信機をつけて放鳥した猛禽類を追跡し、彼らの行動圏や動きを把握。それらをまとめたデータをさまざまな環境治療に役立てている。特に思い入れのある鳥は、収容に立ち会ったオジロワシのヒナだ。野生復帰がかなわない後遺症があったが、ちびのように自然界からの親善大使になれることを目指して、馴致トレーニングを行っている。

第4章

規格外すぎる！ 野生の猛禽類の治療

1本の電話で救える命

「道路脇でぐったりしているシマフクロウを見つけたのですが……」

猛禽類の救護活動は、こんな通報から始まる。発見者は役所や警察署などに連絡することが多く、そこから環境省の地方出先機関を経由して猛禽類医学研究所に通報が届く。北海道では釧路、根室、オホーツク地方を釧路自然環境事務所、それ以外を北海道地方環境事務所と分けて管轄している。

私たちの活動が知られるようになり、発見者から直接電話がかかってくる場合も少なくない。環境事務所が休業日で、電話対応ができないときに研究所まで持ち込んでくれた人もいた。

近年は研究所に毎年100羽近くの猛禽類やタンチョウが運び込まれるが、実際には人知れず命を落としている動物が相当数いるだろう。発見者の通報と行動が野生動物の命を左右することを痛切に感じている。基本的に野生動物の保護収容には許可が必要なので、傷病鳥獣を見つけたら希少種は環境省へ、普通種（希少種以外の野生動物）は各地方公共団体へ速やかに連絡してほしい。

区別がつかない場合は、発見場所や時間、個体の状態に加え、仲間（カモ、カモメ、ツル、タカ、フクロウなど）、大きさ（スズメ、ハト、カラス以上など具体的に）を伝えてほしい。できれば写真を撮って担当者に見てもらうとよい。

個体数が少ない希少鳥類だけでも全国に45種（2024年2月時点）もいて、希少種以外の普通種まで含めれば、傷病鳥に遭遇する可能性は格段に上がると思う。危険が迫っている状況で発見した場合は、安全を確保してから行政に連絡し、捕獲の了解を得た上で保護収容すれば違法行為を免れる。

ただし、高病原性鳥インフルエンザの発生時期には、鳥を素手では触らないように注意（触れた場合はアルコールで消毒する）。また、猛禽類やツル類、サギ類などの取り扱いは危険を伴うので決して無理をしないこと。手袋や大判のタオル、スコップなどでとりあえず危険な場所から遠ざけるだけでも十分だ。

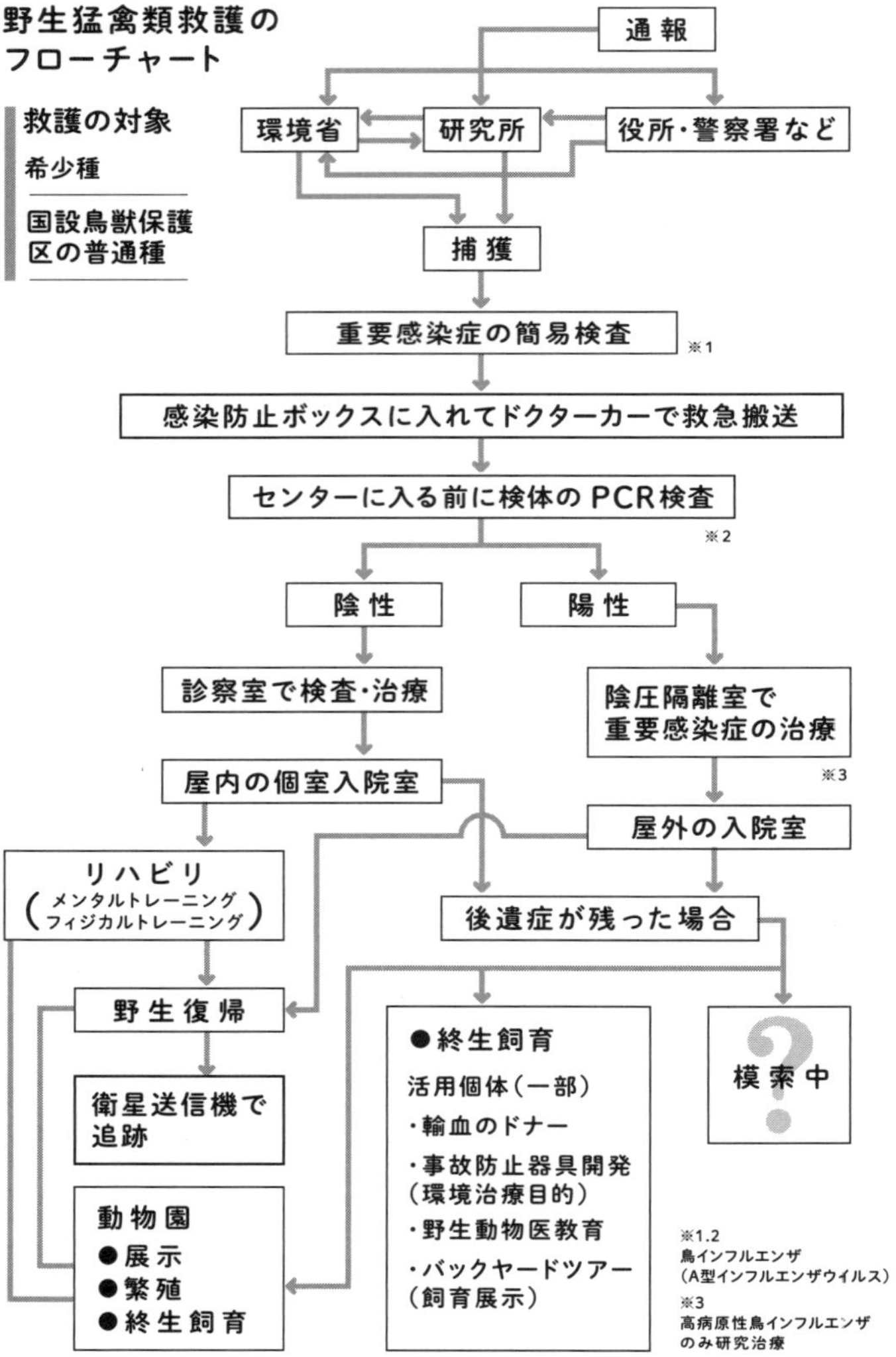
野生猛禽類救護のフローチャート
救護の対象
希少種
国設鳥獣保護区の普通種
通報
環境省
研究所
役所・警察署など
捕獲
重要感染症の簡易検査
※1
感染防止ボックスに入れてドクターカーで救急搬送
センターに入る前に検体のPCR検査
※2
陰性
陽性
診察室で検査・治療
陰圧隔離室で重要感染症の治療
※3
屋内の個室入院室
屋外の入院室
リハビリ（メンタルトレーニング フィジカルトレーニング）
後遺症が残った場合
野生復帰
衛星送信機で追跡
動物園
●展示
●繁殖
●終生飼育
●終生飼育
活用個体（一部）
・輸血のドナー
・事故防止器具開発（環境治療目的）
・野生動物医教育
・バックヤードツアー（飼育展示）
模索中
※1.2
鳥インフルエンザ（A型インフルエンザウイルス）
※3
高病原性鳥インフルエンザのみ研究治療

【けがや病気の野生動物を見つけたら】

通報内容

⑴動物の種類　⑵見つけた場所と日時　⑶個体の状況（最重要）　⑷発見者の連絡先

これらは環境省や地公体（地方公共団体）などへ通報する際に基本的に伝えたほうがいい情報だ。研究所では専用の聞き取り用シートをもとに、傷病鳥の状態を含めて丁寧にヒアリングを行っている。

通報先

希少種↓環境省の地方出先機関

「種の保存法」で国内希少野生動植物種に指定された動物。いわゆる絶滅危惧種で、猛禽類の一部も該当。捕獲・販売・飼育が禁止されている。釧路湿原野生生物保護センターは基本的に環境省が所管する希少種と国設鳥獣保護区内で収容された普通種の受け入れ施設となっている。

普通種↓地公体の鳥獣保護管理部署

「鳥獣保護管理法」の対象になる動物（希少種を除く）。個体数が多く身の回りで普通に見られるので普通種といわれ、捕獲・殺傷・販売が禁止されている。環境省が地公体に権限委譲しているため、基本的には役所の部署が担当する（地公体によっては鳥獣保護センターが管轄になるが、北海道を含めて設置していないところが多い）。

野生動物の救護を通じて自然界を知る

北海道では、普通種の救護を公益社団法人北海道獣医師会に委託しているので、獣医師会は地公体から普通種の傷病鳥獣の連絡があれば、登録されている指定野生傷病鳥獣診療施設（指定診療施設）に対応の可否を問い合わせ、受け入れ可能な動物病院が救護を行う。地公体が指定診療施設に直接連絡することも多い。普通種の傷病対応は地公体に権限委譲されているものの、法に照らして傷病鳥獣は国が責任をもって対応することになっていることから、とくに鳥獣保護センターのない地公体に対しては環境省も積極的に協力するべきだと思う。

野生動物の生死は自然に任せて人間が関わることではないという意見があり、「手を出さずそっと見守りましょう」と告示している地公体も多い。確かに自然界の弱肉強食の競争に介入する必要はないだろう。たとえばキタキツネが野鳥を捕まえた場面に出くわしたなら、関わらないという選択肢もあり得る。せっかく餌にありついたキタキツネに「野鳥を食べたらダメじゃないか」というのは違う。

しかし、研究所の調査で判明した動物のけがや病気、死亡の大部分には交通事故をはじめ鉛や農薬などによる中毒、混獲や密猟と、人間の深い関与があった。キタキツネに捕まった野鳥も、未知の原因で弱っていた可能性がある。

自然界で何が起きているのか、人間との軋轢が影響しているのか、あるいは高病原性鳥インフルエンザなどの大量死につながる重要感染症が発生しているのか。これらの状況が猛禽類を含む野生動物をつぶさに調べることで見えてくる。傷病鳥獣の救護を通して自然界をモニタリングできる意義は、非常に大きい。

ワンヘルスの観点から、私は環境変化の影響を受けやすい猛禽類を診ている。早く発見して、早く手を施せば、早く治る。ワンヘルスに関わる人間・動物・環境の〝病気〟は総合的に早期発見・早期治療を目指すべきだ。

「生死を自然に任せる」と見捨てられる鳥たち

野鳥は高病原性鳥インフルエンザに感染している可能性を踏まえた対応が必要だ。普通種の場合、北海道では基本的に、環境省による対応レベルやリスク種などの状況に応じて検査を行い（国立環境研究所でのＬＡＭＰ法で確定する）、陽性であれば安楽殺（殺処分）をするが、陰性と判断されても指定診療施設に渡さず強制放鳥する（治療せずそのまま自然界へ放す）ケースが問題だ。それ以前に、通報があっても現場を見に行ったり個体を捕獲したりすることなく、電話口で「そのままにしておいてください」と門前払いにされるケースも多々あることが、一般市民から寄せられてくる数々の相談で明らかになっているのだ。

傷病原因に人間が関わっている可能性があるのに、「自然界のルールに任せる」という考えや厳しい財源を理由に、翼が折れていても治療も予後やＱＯＬに鑑みた安楽殺もしない。野ざらしにされた鳥は苦しんで死ぬだろう。これは見捨てるということとだ。「動物病院で治療してもらえますように」と通報した発見者の思いはどうなるのか。傷病の原因を調べないから自然界をモニタリングする機会も逃してしまう。

救護の優先順位では希少種が最上位だが、普通種の大量死が起きていることや、これから起こる前兆が早期発見できる可能性もある。たとえば高原病性鳥インフルエンザの発生は、個体数が多い普通種から早期に見つけられるかもしれない。傷ついている者たちに目を向け、人間が原因であれば人間が責任をもって傷病を治し、自然界で起きている問題をなくすことが重要だ。

けがや病気の野生動物に遭遇したことがない人もいるだろうが、姿は見えなくても確実にいる。動物は弱肉強食を理解しているから、弱っているときは襲われないように隠れてしまう。生態系ピラミッドの上位にいる猛禽類も例外ではない。北海道には傷病鳥を狙うキタキツネやタヌキ、テンなどの哺乳類のほか、カラスや猛禽類などの鳥類もたくさんいるからだ。

草むらや笹藪に隠れた鳥を探すのは容易ではなく、通報を受けてから現地に何度も探しに行ってもなかなか見つけ出せない場合もある。発見までに半月ほどかかってしまったオオワシは極度の衰弱状態で、残念ながら助けられなかった。

先日運び込まれたオオワシも、左翼の砕けた肘の骨が変形した状態ですでに固まっていた。交通事故に遭ったと思われるが、もう少し発見や通報が早ければ整復したうえで野生復帰がかなったかもしれない。早期発見・早期治療のために、事故を起こした人が自ら緊急通報するように啓発することが必要だと切に思う。

往復20時間の道のりをドクターカーで救急搬送

傷病鳥発見の一報が入ると、環境省から研究所に救護を依頼される。北海道全域が対象なので、センターを出発してから傷病鳥を連れ帰るまで往復20時

列車事故に遭って、線路沿いの藪に隠れていたオオワシ。不安を押し殺した表情ながら、威嚇する気力がけなげだ。

間近くかかることもある。治療開始の遅れに悩んでいたところ、フリーアナウンサーの滝川クリステルさんが代表理事を務める「一般財団法人クリステル・ヴィ・アンサンブル」から、野生動物救護のためのドクターカーを寄贈された。仕様や設計には私も参加し、診察台はもちろん、酸素吸入や保温などができるＩＣＵ（新生児用の保育器を転用）まで備えた、おそらく世界でも類を見ない野生猛禽類用に特別仕様がなされたドクターカーだ。応急処置に必要な各種薬剤や医療機器も積んでいるので、現場が遠方のときや命の危険が差し迫っているときに大活躍している。ドクターカーの導入によって現地で速やかに一般の応急処置よりも本格的な治療ができるようになり、希少種の救命率の向上につながっている。

救護にはそのときに対応可能な獣医師と研究員が基本的に2人体制で現地に向かう。傷病鳥は人を見ると警戒して隠れようとすることが多いので、1人が逃避ルートをふさぎ、もう1人が大型のたも網などで捕まえる。かぎ爪でこちらがけがをしないように両脚を持って網から慎重にはずし、ジャケット（保定帯）や脚保定用バンドをつけてから身体検査や必要な処置を行う。

傷病鳥獣の救護の際には、人獣共通感染症の対策を常に念頭に置かなければならない。北海道では冬季を中心に高病原性鳥インフルエンザが多発しているほか、院内感染を防ぐため鳥ポックスウイルスなどの「人間には感染しない」が、鳥同士で感染する恐れのある重要感染症にも注意が必要だ。

高病原性鳥インフルエンザの発生状況に鑑み、シーズンによって救急搬送の方法を変えている。多発する冬季には、傷病鳥とスタッフの濃厚接触を防ぐために防護服・用具を着用してから、動物の気管と総排泄腔をぬぐって検体（ぬぐい液）を用意し、まずは1個を使って現場で簡易検査を行う。あくまでも簡易的なので、陰性・陽性を問わず病原体を通さないＨＥＰＡフィルターがついた専用の感染防止ボックスに入れて救急搬送している。

さらに動物をセンターの屋内に持ち込む前、現場で採取したぬぐい液の容器を消毒したうえで研究室内に運んでＰＣＲ検査にかけ、陽性であればただちに環境省の指示を仰ぐ。研究治療の許可が得られた場合は、施設の入口とは動線を分けた別棟の陰圧隔離室に収容する。陰性であれば診察室に運び入れ、検査や治療を進める。ただし、鳥ポックスウイルスなどの重要感染症が疑われる場合は、鳥インフルエンザ陽性個体と同様の扱いとなる。

高病原性鳥インフルエンザに関する国の対応レベルに鑑みて、リスクが低いシーズンは、猛禽類からの防護のために厚手の服や革手袋などを着用して捕獲し、簡易検査で陰性を確認したあと、採血や応急処置を済ませてから必要であればＩＣＵに入れて救急搬送する。すべての生体については、センター屋内に個体を搬入する前にＰＣＲ検査を実施している。

ニワトリから野鳥にうつる鳥インフルエンザ

高病原性鳥インフルエンザウイルス感染症は、Ａ型インフルエンザウイルスによる家禽（ニワトリやアヒルなど）の感染症だ。国際獣疫事務局（ＷＯＡＨ）が定めた診断基準では３つに分類されている。

高病原性鳥インフルエンザ：Ｈ５やＨ７亜型のＡ型インフルエンザウイルス。致死率が高い、あるいは高病原性のウイルスに似ている

低病原性鳥インフルエンザ：Ｈ５やＨ７亜型のＡ型インフルエンザウイルス。致死率が低い、高病原性に変異する可能性がある

鳥インフルエンザ：Ｈ５やＨ７亜型以外のＡ型インフルエンザウイルス

低病原性のウイルスはカモなどの水鳥が自然に保有しているが、野鳥同士は生活圏にある程度の余裕があり、集団で繁殖する場合や、餌場やねぐらなどを共有する場合を除き、濃厚接触をする機会も少ない。ところが、野鳥からニワトリへうつると、飼育密度が高い養鶏場で感染を繰り返すうちに高病原性に変異してしまうことがある。

この高病原性鳥インフルエンザが、ニワトリからカモなどの水鳥にうつって広範囲に運ばれて、野鳥を捕食した猛禽類などに感染することもある。その結果、野生鳥類の大量死を地球規模で招く原因になっているのだ。

研究所では、高病原性鳥インフルエンザに感染した希少種に対し、２０２２年から人用のインフルエンザ治療薬を経口投与する研究治療を、北海道大学大学院獣医学研究院微生物学教室（迫田義博教授のグループによる先行研究の成果に基づく）、塩野義製薬株式会社、国立研究開発法人国立環境研究所との共同研究として実施してい

る。なお、この研究治療は環境省釧路自然環境事務所と研究所との協定に基づく共同の希少種保護増殖事業の一環として位置づけられており、バイオセキュリティーがしっかり整ったセンターの特別な施設内で実施している。

運ばれてきた鳥がPCR検査で陽性になった場合は別棟の陰圧隔離室に入院させ、基本的に私が防護服を着用して1日1回、投薬などの治療を行う。高病原性鳥インフルエンザにかかったワシの生体収容が多かったときは、陰圧隔離室にひとりぼっちでこもる日が半年近く続いたこともあった。それほど重要感染症の対策には気を使う。

これまでの成果として、2022年初頭から2024年春までに、高病原性鳥インフルエンザに感染して収容されたオジロワシ13羽中9羽の治療に成功した（同症に罹患したタンチョウ1羽中1羽の治療にも成功）。重度の脳症状で頭を振り続けていたオジロワシもいたが、そのうち何羽かが健常個体と見分けがつかないほどに回復したのは本当にうれしい出来事だ。いずれも検査では陰性が確認され、完治といえる世界初の事例となった。

これまで2羽のオジロワシの野生復帰にも成功している。1羽は2022年に収容された成鳥で、2024年放鳥。もう1羽は2024年初頭に収容された若鳥で、数カ月の治療を経て野生復帰した。

今はさらに使い勝手がよく、効果の高い薬を作りたいと思っている。高病原性鳥インフルエンザの治療は、あくまでも希少種の救護や、保護増殖に活用する飼育動物への活用を念頭に置いた研究治療として行っている。現段階において、家禽や一般的な飼鳥への利用には、関係者・組織間での十分な議論や別の許可が必要になるだろう。あくまでも伝家の宝刀として、治療技術を磨いておくのが私の仕事だと思っている。

気持ちを通わせる「コミュニケーション治療」

猛禽類は人間の声やしぐさを観察して識別し、苦手なことや痛いことをする獣医師まで見分けている。彼らは人間の言葉がわかるわけではないが、声やしぐさという情報をヒントに、人間という動物の感情を読み取っているのではないか。私たちだって猛禽類がこちらを向いているだけでは感情を読みづらいが、金切り声を上げていたり翼を大きく広げたりしていれば、ただならぬ雰囲気を感じ取れるだろう。

だから治療の際には「痛かったなあ、もう大丈夫だぞ」と落ち着いた口調で静かに声をかけてから始め、採血や注射の際には「ちょっとチクッとするよ」と話しながら行う。猛禽類を観察して心を読みながら、穏やかな声かけやアイコンタクトなどで精神状態と動きを制御すれば、おとなしく治療を受け入れてくれるのだ。私は「コミュニケーション治療」と名づけ、麻酔を使わない応急処置のときなどに実践している。以前、オジロワシに対するコミュニケーション治療の動画を公開した際には、猛禽類が仰向けで身を任せていることに驚きの声が寄せられた。

とはいえ、動物にとって嫌なことをする獣医師は警戒されることが多い。しかも私は知らず知らず動物を怖がらせるオーラのようなものまで出てしまうらしい。入院中のオオワシやオジロワシのことをふと考えたときに限って、バタバタと暴れ出したり、「カッカッカッ」と恐怖の鳴き声を上げたりする。壁を隔てていても伝わってしまうのが困りものだ。

子どものころから動物に関しては不思議な出来事に遭遇することが多いが、霊感や超能力はまったくない。スピリチュアルのようなものを信奉しているわけでもないのだが……。

診察室は何が起こるかわからない野戦病院だ

野生動物を診る獣医師は救急医や戦場の軍医に近いと思う。傷病鳥はいつも突然やって来る。通報の情報やわずかな症状を手がかりに、中毒、事故、病気、巣立ち失敗……といったあまたの可能性に対して臨機応変に対応しなければならない。野生で健全に生きる猛禽類の姿を知らなければ、何がおかしいのかと気づくのは難しいだろう。

人間はもちろん、獣医師がよく診るイヌやネコとの身体的な違いも知っておく必要がある。鳥の輸血は血管ではなく尺骨《しゃっこつ》の髄腔内に行う。哺乳類とは違った骨格なので、一般の獣医師がとまどうこともあるだろう。U字型につながった鎖骨、哺乳類には存在しない烏口骨《うこうこつ》（肩と胸骨をつなぐ骨）、身体を軽くするため竹筒状になった翼や脚の骨などがその例だ。呼吸器系もまったく異なり、胸骨がふいごのように上下運動して、肺につながる気嚢《きのう》という空気の袋の中に酸素を送り込む。このように獣医学生相手の講義でも、数時間語れるほどの身体的特徴があるのだ。

傷病鳥を研究所内の診察室に運び込んだら、頭部を診察したあと頭にフードをかぶせて目隠しする。鳥は視界を遮ると落ち着く習性があり、ストレスを減らせる。こちらとしてもスムーズに診察できるから一石二鳥だ。

　けがや病気の状況を確認するために手早く身体検査を行い、並行して現場で採血した血液で、血液一般検査や血液化学検査。続いてレントゲン撮影、必要に応じてエコーや内視鏡などの検査を行う。

　治療の際には搬送に使った保定帯と脚の保定用バンドをはずす。保定担当（物理的不動・動かないように押さえる者）は厚手の革製の防護手袋を着用し、指一本を両脚の間に入れてつかんで固定する。麻酔担当医（化学的不

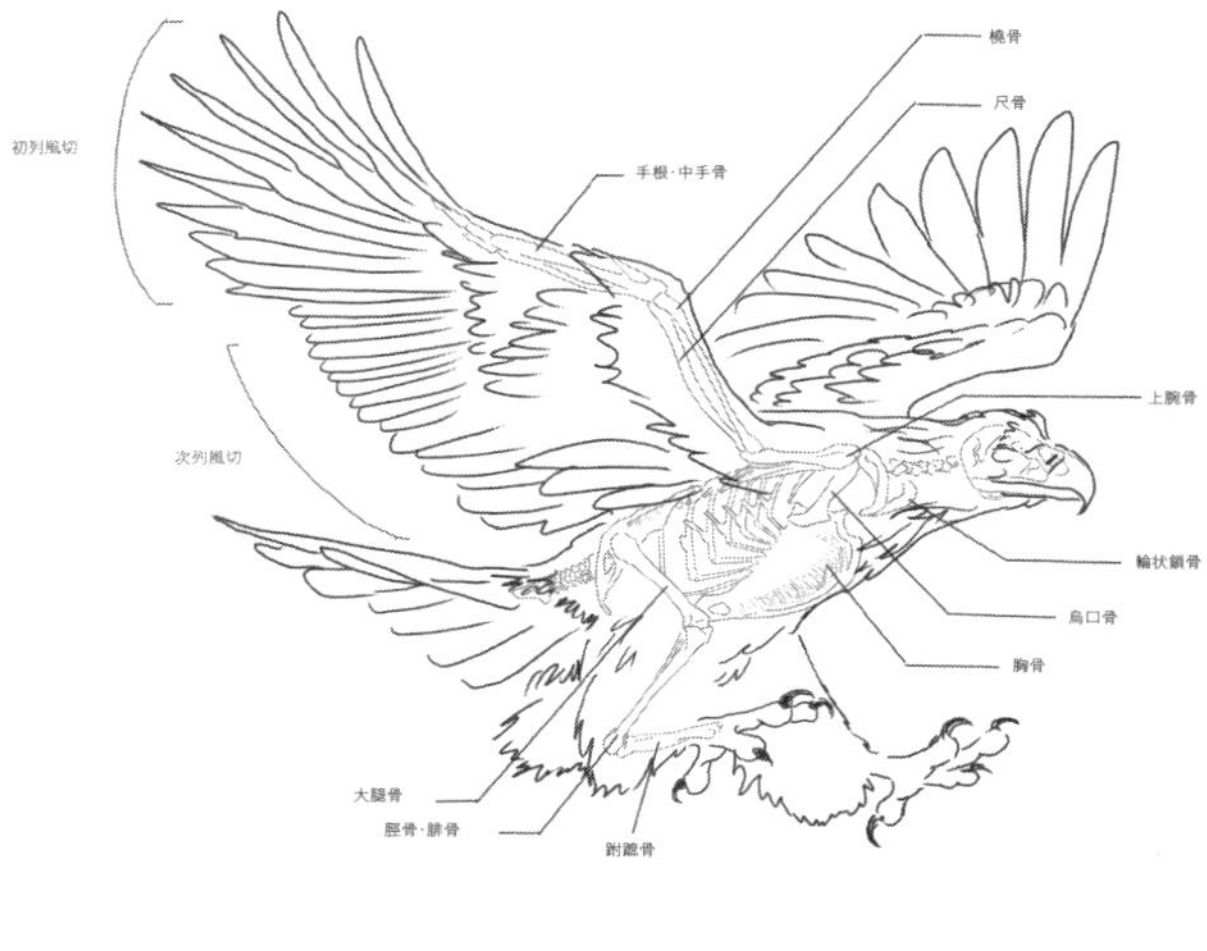

動・麻酔をかける獣医師）は指先の動きを妨げない医療用の薄手の手袋を、執刀医（手術を行う獣医師）は手術用の減菌手袋をつける。

吸入麻酔を使う場合はフェイスマスクで麻酔ガスを吸入させて導入（無意識にすること）したあと、鳥類用の気管チューブを挿管し、全身麻酔の状態で手術を行う。一般的な局所麻酔は、鳥類にとって有毒なので通常は使わない。

エゾシカ猟期の冬に収容されたワシは、血液検査の際に鉛濃度を必ず調べる。北海道では禁止されている鉛弾がいまだにエゾシカ猟に使われることがあり、汚染された狩猟残滓《ざんし》（放置された獲物の不要物）をワシが食べて鉛中毒を起こしていることがあるからだ。

手術を短時間で終わらせるために、手術用マイクロ波メス（電子レンジと同じマイクロ波で止血しながら切ることができるメス）を導入している。手術の際に血管を結紮《けっさつ》する作業が省け、電気メスに比べて切断面に損傷を与えにくいので迅速な処置が可能になった。

治療が終わったあとも容態が急変したときに私やスタッフがすぐ対応できるように、治療室内の入院用ケージ、もしくは入院用ＩＣＵ（新生児用保育器）へ移して点滴や投薬を続ける。ＩＣＵでは酸素を供給するとともに体温を維持するために保温を続け、呼吸がしやすい湿度で管理する。私たちにできるのは、野生動物の治る力を引き出すところまで。最後は彼らの気力体力に頼るところが大きい。

危機一髪、オオワシの爪で流血事件

学生のころにボクシングや古武道、サッカーのゴールキーパーで鍛えた動体視力や反射神経、間合いを読む技術は、意外なところで猛禽類の治療に役立っている。傷病から回復しつつある猛禽類の中でもけんかっ早い気性のやつは、襲いかかってくることもあるからだ。

とくに猛禽類は間合いを読まなければいけない。鳥は人間と同じように足裏をつけて立っているように見えるが、実際はつま先立ちでかかと（後ろに曲がっている部分）が浮いている。しかも膝から上は胴体部分の皮下に隠れているので、目一杯伸びたと思うところからさらに伸びてくる。オオワシなら10センチ近く伸びることもある。距離感を誤るとけがにつながるので、スタッフにも相手のリーチを読むように指導している。

　オオワシは人の親指（5センチ）ほどもある爪と60キロに及ぶ握力で獲物の体を貫く。捕獲や処置のときは基本的に2人以上で行い、保定担当は厚手の革手袋をつける。じつは私が危機一髪の出来事を経験したからだ。

　釧路湿原野生生物保護センターで仕事を始めたばかりのころ、脚を骨折したオオワシが運び込まれた。今のように医療スタッフがいなかったため、ワシをジャケットで保定してひとりで治療にあたることが多かった。この日も寒さで硬くなったジャケットを使ってオオワシを保定し、傷ついた左脚を診ていたところ、ふいに自分の左腕に激痛を感じた。ワシのすさまじい力でいつの間にかジャ

ケットが緩み、隙間から右脚が伸び出て私の左腕をつかんでいたのだ。ワシの鋭いかぎ爪が牛革の手袋ごと私の手首を貫通し、大出血となった。あわてて右手ではずそうとしたが、次の瞬間にはオオワシの左趾の爪が私の右手首に食い込んだ。切り裂かれた静脈からからあふれた血で足元に血溜まりができていく。気を失うまであと何百ミリリットルほどだろうか。

血を見ると冷静になるのが獣医師だ。失血死の恐れも頭をよぎるなか、オオワシとがっちりと組み合いながらひとりでこの状況を脱する作戦を立てた。

(1)シンクに水を張ってオオワシをドボンと入れる

↓オオワシにつかまれた状態で、シンクまで歩いて行くことはできなかった。

(2)オオワシの腱を切って趾を開かせる

↓互いの命には変えられないが、けがをしている鳥につらい思いをさせるのは気が引ける。ここでふと、干してある雑巾が目に入った。

(3)オオワシの顔に雑巾を投げてつかませる

↓これだ。猛禽類は動くものを反射的につかむ習性がある。口で雑巾をくわえてオオワシの顔に投げたところ、私の手首から両脚の爪を抜いて代わりに雑巾をつかんだ。

　ようやく難を逃れて自分の手当てをしながら「やっぱりすごいねえ」と、猛禽類の猛々しい魅力を再確認するとともに安全対策の重要性が身に染みた。

　この苦い経験から、私は左手首に頑丈な時計、右手首に芸術家の協力を得て特別に作ったシルバー製のバングルを巻いている。バングルはアイヌ民族の人々に「コタンコロカムイ」と呼ばれるシマフクロウの風切羽と足跡をモチーフにしている。

シマフクロウの風切羽と足跡をモチーフにしたシルバー製のバングル。

入院中の鳥が人馴れしないように見守る

野生動物は長期間の入院や飼育で一時的に〝人慣れ〟をすることもあるが〝人馴れ〟

はさせないように扱う。人間と接触を繰り返した経験による人慣れは、接触の機会をなくせば警戒心を取り戻すが、人間に親しみを感じてなつく人馴れは、野生に帰ったあとも人間に依存させてしまう。

人間への警戒心が薄れた猛禽類が自然界へ帰ったあと、人間や伴侶動物、家畜に危害を加える事例が報告されている。新たな軋轢を生まないように入院中でも接触の頻度を最低限にし、警戒心をできる限り維持させている。ただし、終生飼育個体に関しては、飼育ストレスを軽減するためある程度あえて人慣れさせている。

私たちは親近感をもちすぎないように、入院中の鳥は番号（数字やアルファベットを組み合わせた符号）で管理している。関わるのは治療や掃除、給餌のときのみだ。とはいっても、入院用ケージから顔をのぞかせて「早くごはんちょうだい！」と催促する食いしん坊を見ると、回復していることがわかってうれしくなる。定期的な投薬が必要な場合は餌に薬を埋め込んで食べさせるが、器用に薬だけ出して食べない者もいるのでこちらも知恵比べだ。

傷病鳥の体調が落ち着いて治療の緊急性がなくなったら、別棟の入院室（3メートル四方の個室）に移して管理する。ここからは私たち人間との接触を最低限にするため、向かい合わせに設置した2台のカメラで研究室から遠隔で様子を観察する。

猛禽類の自然な状態を把握するため、日ごろから自然界での健康な姿を目に焼きつけておくように、とスタッフに言っている。彼らは弱っているところを見せないので、人間が近くにいるとシャキッと立っているが、立ち去るとクタッとうつぶせになってしまうこともある。遠隔で観察できるカメラでのモニタリングは本当の体調を確認するために欠かせない。

ただし、私は帰宅する際、職場を出る前にいつも入院している猛禽類たちの顔を見ていく。「午後に診察したから大丈夫だよね」と思っていたが、翌朝冷たくなっていることがあったからだ。自分の目で直接見ていたら、わずかな変化でも気づいて治療できたかもしれないという後悔がある。野生動物は弱みを隠すからこそ、一日の最後の目つきや反応を見てちょっとでもおかしいと思ったら、早めに手を施すことにしている。

野生復帰のリハビリはスパルタ式で!

野生動物医学では、保護した傷病鳥獣を自然界へ帰すまでを「リハビリテーション」という。野生動物が自活する力を取り戻すために必要な治療やメンタルおよびフィジカルトレーニングはすべてがリハビリテーションだが、本書では「治療」と「リハビリ（野生復帰に向けたトレーニング）」に分けて表記する。厳しい自然界で生きるために、リハビリではスパルタ式の訓練に挑んでもらう。

［リハビリの流れ］

入院棟の個室入院室

入院ケージで過ごした期間によっては人慣れしていることがあるため、まずは警戒心を取り戻させるためにメンタルのリハビリを行う。スタッフとの接触は餌を置いてパッと帰るくらいの最低限にとどめる。飛べないうちは止まり木を設置せず、俵木（人工芝を巻いた木）などを利用させるが、翼を使った飛び乗り（ジャンプアップ）ができるようになったら、室内の高所と低所に止まり木を設置し、基本的には自主的な上下運動を促す。

リハビリケージ①

入院室での動きに問題がなければ、オオワシやオジロワシは比較的目の届く場所にある、屋外の小型リハビリケージに移す。

リハビリケージ②

小型リハビリケージで問題なく過ごせたら、多くのオオワシやオジロワシがいる大型のケージ内に移動する。長い入院生活で緩んだ頭の中を切り替え、弱肉強食という自然界のルールに則って生き抜く野生の本能を呼び覚ます目的がある。1回につき限られた量の餌を与え、競い合って食べる訓練を行う。他の個体を押しのけてでも餌にありつく力を取り戻すためのスパルタ式の特訓だ。また、枝移りや中距離での飛翔をうながすとともに、ワシ同士の関わり合い方も思い出させる。

リハビリ（フライング）ケージ③

センターでのリハビリの最後は、飛翔訓練を施すためのいちばん大きなフライングケージで、胸筋を鍛えるためにケージに設置した高さが異なる止まり木の間を行き来させる。ある程度飛べるようになったら、ケージ内にスタッフが立ち入り、高所に止まっているワシに声と動きでプレッシャーをかけてケージ内を飛ばせる「追い込み」を行う。これは人間に対する警戒心を呼び覚ますためにも有効だが、加減を誤ると個体を負傷させてしまうことにもつながるため、経験豊富なスタッフが連携して行うようにしている。また、野生復帰が近づくごとに給餌人との接触の機会を極力減らす。

シマフクロウのケージ

ワシ類とは別に、シマフクロウの生息環境を内部に再現した大型ケージで管理する。地下水をくみ上げた給餌池に放流された活魚を自力で獲る訓練だ。回復の程度や季節の変化に応じて、餌の魚の大きさや数、種類、水深などを変えて多様な環境への適応を促す。シマフクロウは夜行性のため、自動的に記録を残せる止まり木型の体重計と暗視カメラによって、リハビリの進行具合をモニタリングできるようになっている。

小・中型の猛禽類の場合

ハヤブサなどの小・中型の猛禽類は、入院室に設置された止まり木の間を無理なく上下移動できるようになった段階で、入院棟の長い廊下で飛翔訓練（コリドーフライト訓練）を行う。廊下の両端に止まり木を設置し、その後ろでスタッフが立ったり座ったりしてプレッシャーをかけると鳥は廊下に沿って往復飛翔するのでリハビリになる。より長い距離を飛ぶ訓練をさせるために、必要に応じて片脚に革の平紐（ジェス）を取りつけ、それに太いテグスや紐などを結び、人がコントロールしながら屋外を飛ばす訓練を行うこともある。

自然界の生活を足環や衛星送信機で見守る

リハビリテーションで基礎的な自活能力を取り戻した猛禽類を放鳥する手法は大きく分けて2つある。

ハードリリース

基本的に発見された地域までケージで運んで放鳥する。放された場所には執着しないので、定着させる必要がないオオワシやオジロワシ（非繁殖個体と思われるもの）などに適している。野生復帰した直後でも飢えないように安全で餌が豊富な場所で行うことが重要で、放鳥する季節によっては、保護した場所から離れたところで野生復帰させることもある。

ソフトリリース

生息に適した自然環境に設置した特設のケージで給餌場などを見せながら一定期間飼育する。扉を開放し、徐々に補助給餌の頻度を下げて、ゆるやかに野生復帰を目指す。放された場所の近くに定着しやすく、センターではシマフクロウを放鳥する際に用いることが多い。

放鳥する前には固有のアルファベットと番号が刻印された標識調査用の足環（環境省発行）、遠目からでも個体識別ができるカラーリング（必要に応じて）、各種送信機を装着して追跡調査を続ける。現在はおもに人工衛星で追跡するソーラー電池のついた衛星送信機を用いている。これは取得したGPSデータが筐体《きょうたい》内に保存され、携帯電話網などを使ってデータを回収できる。バックパック型（ランドセル型）の送信機は、テフロン製のリボンを使って鳥の身体に取りつけられ、リボンは紫外線劣化などによって長くても数年で切れるように工夫されている。

放鳥後に利用している餌場やねぐら、渡りの経路などの重要な生息環境を把握するとともに、事故のリスクがある場所（線路、道路、風車、送電鉄塔、餌付けなど）を確認して、環境治療で事故などを未然に防ぐために役立てられている。

衛星送信機をつけた鳥の追跡データは、今も毎日クラウド上にアップロードされている。スマートフォンやパソコンで確認するたびに「元気でやっているんだな」とうれしくなるのだ。

野生復帰してから約半月間は自然界での最終的なリハビリ期間と考え、定期的に送信機からのデータを頼りに現地まで行って目視観察する。衛星送信機はあくまでも放鳥個体の位置を教えてくれるだけ。たとえ死んでいてもデータは送られてくるうえ、データの誤差で地図上では動いているように見える場合があるので安心できない。

また、周辺環境や個体の状態は直接観察をしない限り今のシステムでは把握できないため、約半月間はできるだけ頻度高く現場へ観察に行くよう心がけている。行動に異常があったと思われる場合は個体が確認できるまで探して安否確認をする。健康状態に何らかの異変が疑われる場合は捕獲、再収容して再度検査や治療、リハビリを行う。これまでになんと3回も出戻ってきた鳥もいたが、最終的には自然界に帰ることができた。

救護活動において目指すゴールは、猛禽類を治すことだけではなく、野生動物として生きられるようにすること。確実に自然界に帰れたことが証明されて初めてゴールインになる。私たちの治療法がよかった、リハビリの方法が今ひとつだった、という自分たちを評価するうえでの材料にもなるのだ。

傷病・死亡原因を究明する「野生動物法医学」

大学生のころからさまざまな野鳥を診ていると、自動車や窓ガラスへの衝突のような事故だけでなく、人間の悪意を如実に感じる傷に出会う。

飛べないフクロウを保護したときには、羽根の切り口に目を見張った。初列風切（翼の先端の羽根）が上下から潰れるように切れている。自然界では考えづらい切り口で、おそらくはさみを用いたのだろう。猛禽類の武器となる爪も切られ、日照不足と栄養不良でくる病（骨軟化症）も起こしていた。

おそらくフクロウの巣立ち雛を捕獲し、飛べないように羽根を切り、つかまれると痛いから爪を切り……と犯罪行為が浮かび上がってくる。最後は「手に負えないから捨てちゃおう」とばかりにポイッと放置したのだろう。羽根が切れている鳥を見ると、切り口を鑑定しながら「また人間が切ったんじゃないのか？」と懐疑的になる。だんだん疑い深くなってきたのは自覚しているが、人間が手を下している事例をたびたび目にしているからだ。

たとえ犯人が特定できなくても、人間の手で野生動物が傷ついていることが判明すれば、環境省や地公体からの注意喚起による犯罪抑止、警察による取り締まりも可能だ。犯罪性が疑われる事例については、直接もしくは環境省などを通じて警察に通報し、必要であれば診断書や証拠品の提出もいとわないようにしている。

生きている者を治療するのはもちろんのこと、死んだ者と向き合うこともある。死者から声なき声を拾えるツールを、私は「野生動物法医学」と名づけた。死因を究明する方法は通常であれば獣医病理学を用いる。最近耳にするようになった法獣医学はペットなどの飼育動物の虐待などがおもな守備範囲となっている。一方、野生動物法医学では傷病・死亡野生動物が「なぜそのようになったのか」という経緯を、病理学だけでなく野生動物の生態や起因する人間活動などにも鑑みて解明するものだ。

野生復帰や調査の際につける足環は確実な個体識別ができるので、捕獲されたときだけでなく死体で回収されたときにも判別できる。ただ、知りたくない事実を知ることもある。リハビリを経て野生復帰を果たしてから再び事故に遭い、死体になって戻ってきた猛禽類も何羽かいる。

ロシアでオオワシの巣内雛に足環と発信機をつけて「無事に日本まで渡ってくるんだぞ」と声をかけた半年後、感電事故で焼け焦げた死体になって私のもとへ運ばれてきたこともあった。まさか生まれたときと死んだときに会うとは……。この再会は言葉にできない。

記憶に新しいのは、２０２３年に運び込まれた極度に痩《や》せて衰弱した希少種のコアホウドリだ。残念ながら助けられなかったが、無駄死にはさせたくない。死因を突き止めることで、自然界で起きている問題の手がかりを受け取りたいと思った。

解剖したところ、胃の中にゴム手袋片手分の破片

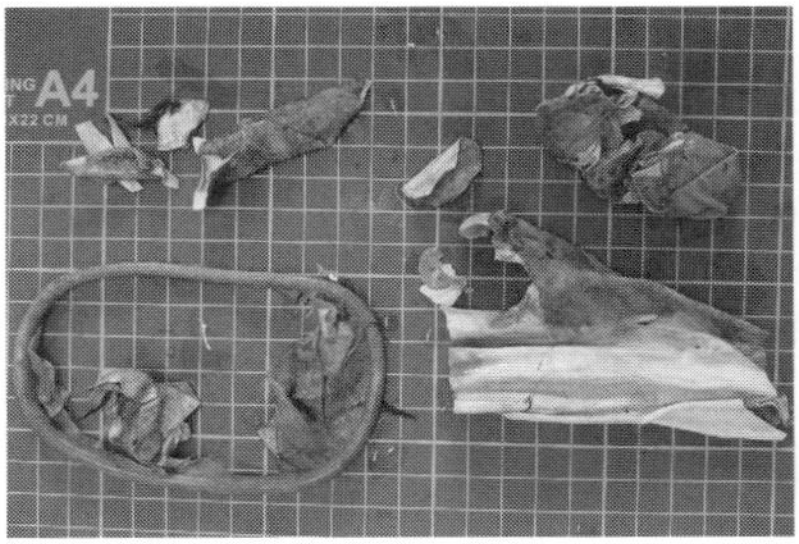

上:釧路市の海岸で保護されたコアホウドリ。目隠し用のフードをかぶせている。下:ゴム手袋が詰まって餌を消化吸収できなくなり、死に至った。

とプラスチックペレット（細かい破片）が入っていた。胃の出口にゴム手袋が詰まって栄養が摂れなくなり、死に至ったのだろう。シルエットが似ている好物のイカと間違えて飲み込んだ可能性もある。通常のレントゲン撮影では写らないゴム製品のような原因が隠れていることを考えると、死因の解明には剖検（病理解剖）や野生動物法医学の知識が必要不可欠だ。

コアホウドリは海洋汚染が起きていることを伝えてくれた。「これが原因で死んじゃったよ」と伝えに来ている自然界からのメッセンジャーなのだ。命が終わってしまった原因まで追及してこそ野生動物の保全治療を完遂したと言える。

野生に帰れない鳥はなぜかグルメ化する

収容された傷病鳥の中で野生復帰がかなうのは3～4割程度で、命を取り留めても心身の後遺症で自然界に帰せない猛禽類もいる。彼らの多くは釧路湿原野生生物保護センターで終生飼育されることになる。

野生復帰がかなわない鳥たちにも生きる意義を与えたいと思い、仲間の命を救うための輸血ドナーや環境治療のための事故防止器具の開発のほか、野生動物医を目指す若手の教育にも協力してもらっている。

子どもたちとの触れ合いを通してシマフクロウ界からの親善大使の役割を果たしてくれたシマフクロウの「ちび」のように、学校教育に有効活用できる道もあるだろう。センターでは終生飼育のオオワシやオジロワシに会える「バックヤードツアー」を設けている。人間との軋轢によって悲劇に見舞われた彼らの姿から声なき声を感じ取ってほしい。

ただ、終生飼育個体の高いQOLを保つため、不特定多数の人に見られる、声が聞こえるというストレスを軽減するために、中の猛禽類からは人間の姿が部分的にしか見えないように、展示ケージは壁に作った小さなのぞき窓から内部を観察するハイド式の構造にした。餌場に近い場所の観察窓にはスモークガラスを使っている。互いに気兼ねなく過ごせる工夫のひとつだ。

人間が傷つけてしまった責任として、野生動物福祉をもとに自然界に近い環境で心身が健全に過ごせる対策を行う「環境エンリッチメント」にも取り組んでいる。鳥が落ち着く場所を選べるようにさまざまな形状と数の止まり木を設置。うまく飛べなくても高いところに行けるように、ケージ奥には階段状のひな壇を設け、断翼して翼がない鳥でも容易に上部までたどり着けるように掛け木も設置した。

変化の少ないケージ内でもマンネリにならない生活をさせることが重要なので、餌を得るために努力する機会を設けている。ちょっとだけスパルタ式というわけだ。大型のバットに水を張り、活魚を泳がせてがんばって捕まえさせたり、大きいサケを与えてくちばしでちぎって食べさせたりする。自然界と同じように過ごしてほしいから、秋になれば本来食べているサケを与え、季節に応じてウグイやマスも餌にする。きっと彼らの生きがいにもつながるのではないだろうか。

贅沢をさせているつもりはないが、不思議とグルメ化してしまうのが悩みである。いわゆる光り物の青魚は好みではないらしく、ホッケは食べるのにサンマを与えても「これじゃない」とみんなそろって知らんぷりだ。ワシたちが大好きな活魚は比較にならないほど高価なので、みなさんの支援からお年玉代わりにプレゼントしている。

人間のもとで〝第二の人生〟を

絶滅危惧種の希少種は1羽の命が種の存続に直結するため、「種の保存法」に基づく環境省の保護増殖事業で救護が定められ、リハビリによる野生復帰も成果を上げている。自活できないほどの後遺症を負った場合は終生飼育となり、今はオオワシとオジロワシを合わせて約70羽を飼育中だ。

現在のセンターにある飼育施設だけでは、近い将来あふれてしまうことが心配される。だからといって、施設や予算、人員などの人間の事情で、国の判断によって安楽殺したり保護収容をやめたりするのでは、あまりにも身勝手すぎると思う。センターの飼育施設の拡充とともに、適切に飼育を続けてくれる公共施設が増えてくれることを願ってやまない。

なお、「種の保存法」の国内希少野生動植物種かつ動物愛護管理法の特定動物（人に危害を加えるおそれのある危険な動物）である大型猛禽類は、個人などへの飼育を目的とした譲渡は基本的に禁止されている。

普通種に目を向けると、海外では動物園のほか、動物保護団体などが引き取って飼育しているが、日本でもしっかりとした飼育管理体制や豊富な経験をもつ動物保護団体や博物館などで環境教育などを目的に引き取ってもらってもいいのではないだろうか。

鳥獣保護管理法では、許可を受けて捕獲した鳥獣（狩猟鳥獣以外）を飼育するためには、管轄する都道府県知事の登録を受けなければならないことになっている。救護活動の結果、終生飼育を余儀なくされた個体に関しては、生態や飼育などに関する知識と技術を身につけてもらった個人などにライセンスを発行し、積極的に継続飼育の協力をしてもらってもよいと思う（いくつかの地方公共団体では同様の制度が取り入れられている）。ただし、野生猛禽類などに関しては密猟の温床にならないように定期的な飼育報告を義務づけるルールが必須になるだろう。

今風に生きる野生動物に合わせて人間も現状に合わせた今風のルールを真摯《しんし》に検討すべきではないだろうか。

第5章

環境にも治療が必要だ！

人間が関わる事故で傷つく猛禽類

猛禽類医学研究所に運び込まれた猛禽類を調べたところ、傷病や死亡の原因のほとんどに人間との軋轢が深く関わっていた。判明した原因をまとめた左のグラフのとおり、とくに多かった原因は、オオワシとオジロワシが列車事故と鉛中毒、風車衝突、シマフクロウが交通事故。その他の感電、絡網《らくもう》(漁網や防鹿網に絡まる)などの事故も人間活動によるものだ。北海道の大自然で暮らしている野生動物とは思えない原因ばかりだ。

通報を受けて傷ついた彼らを収容するたびに、いたたまれない気持ちになる。自動車にはねられてうずくまっているシマフクロウ、鉛中毒で苦しそうに呼吸しているオオワシ、風車のブレードに翼をもがれて即死したオジロワシ……。彼らが身をもって伝えてくれた軋轢を取り除くことが、人間の責任だと考えている。

私は動物と人間が安心して共生できる環境を取り戻す活動を「環境治療」と名づけ

オオワシの死亡傷病原因
（不明を除く）
2000〜2023年度

n（総数）=381

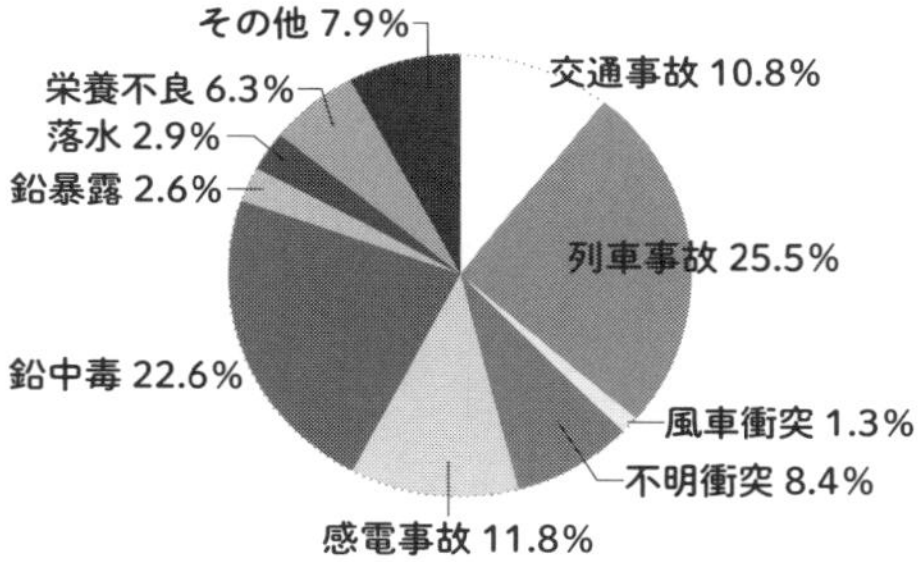

オジロワシの死亡傷病原因
（不明を除く）
2000〜2023年度

n（総数）=503

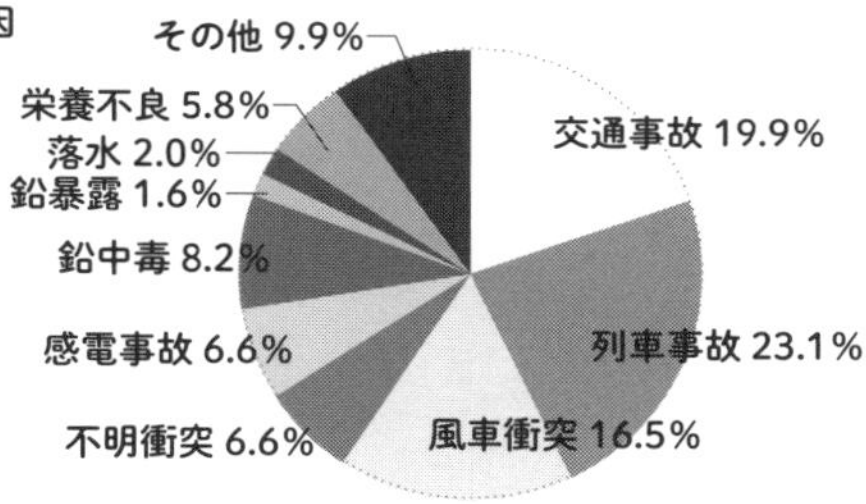

シマフクロウの死亡傷病原因
（不明を除く）
1994〜2023年度

n（総数）=128

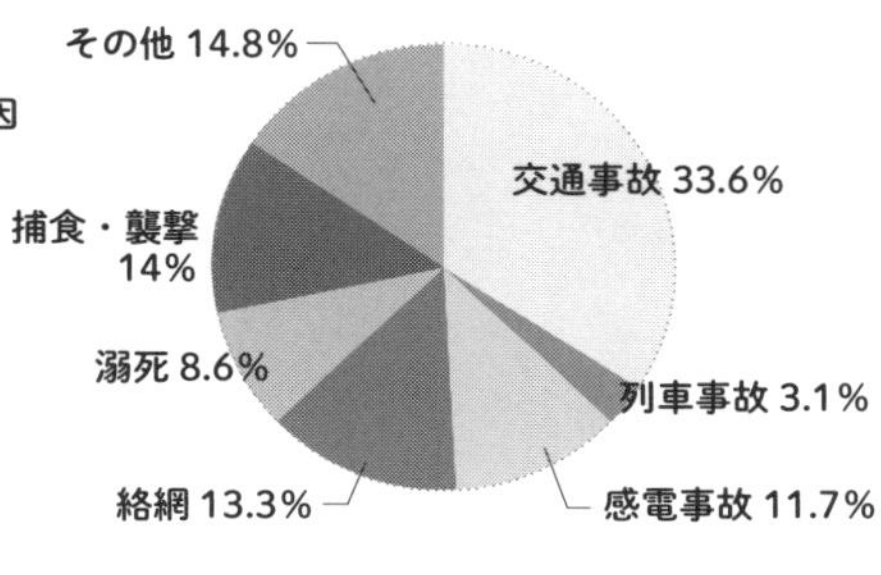

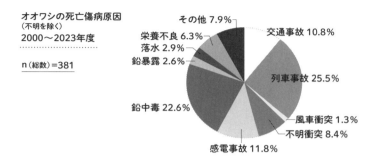

た。ワンヘルスに基づく保全医学の中でも、環境を健康にする取り組みである。

釧路湿原を有する北海道釧路市は環境治療先進都市として積極的に官民の連携や広報活動に取り組んでおり、地域住民も加わって問題の解決へと着実に前進している。野生動物とのより良い共生社会の実例として、全世界に対する手本になってくれることを期待している。

「鉛中毒」で命を落とすワシたち

犯人はエゾシカ肉に残った違法な鉛弾

私は四半世紀にわたって猛禽類の「鉛中毒」の問題に取り組んでいる。鉛は、人間を含む多くの動物にとって有毒な重金属だ。口にすれば胃で溶け出し、腸で吸収されて肝臓や骨に蓄積することでさまざまな症状を引き起こす。

赤血球が破壊され、造血機能の障害で貧血も起きる。臓器の機能障害によって緑色の下痢が続き、中枢神経（脳）症状で頭震や奇声、体の自由を奪われる運動障害も起きる。人間では、作曲家のベートーベンが鉛中毒で苦しんでいたことが有名だ。

肉食の鳥類は胃液（胃酸）で餌を溶かして消化するためpHが低い。溶け切らないもの（骨や羽毛）を胃の中に比較的長期間とどめ、ペリット（吐しゃ物）として吐き出す性質がある。鉛は酸性の状態で溶けやすいが、鉛弾のように金属の破片やかたまりの場合はすぐに溶け切らないことが多く、胃内にとどまる時間が長くなる。鉛弾が溶けやすい胃の中に長時間滞留するため、鉛中毒になりやすいのだ。すさまじい苦しみの先にあるのは衰弱死、凍死、餓死だ。運よく生きて発見されること

北海道で高濃度の鉛汚染が確認された猛禽類の年推移

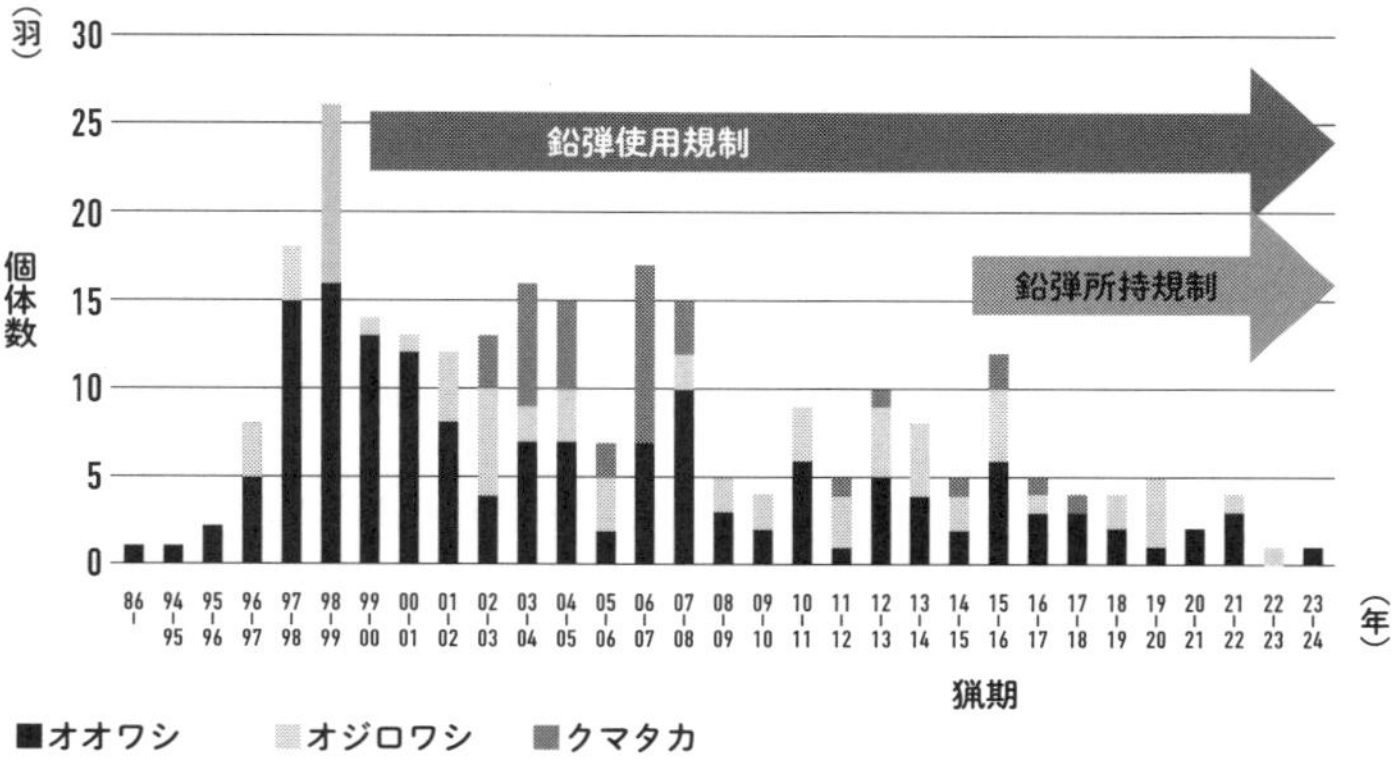

保存されていた海ワシ類の検体を調べたところ、1986年にはすでにオオワシで鉛中毒が発生していたことがわかった。規制されてからもゼロになった年がない。

もあるが、懸命の治療を行ってもほとんど助けられない。

　これまで鉛中毒を起こした２００羽以上のオオワシやオジロワシ、クマタカが生体や死体として運び込まれたが、私は氷山の一角だと考えている。人知れず死んでいる猛禽類のほうがはるかに多いだろう。

　北海道で初めて鉛中毒のオオワシを発見したのは、１９９６年のこと。死亡していたその個体は極度に痩せていたことに加え、緑色の下痢や胆嚢《たんのう》の膨満などが病理解剖で確認でき、胃の中には小さな鉛の粒があった。以前診たコハクチョウの鉛中毒（水草に絡まった鉛製の釣りおもりを仕掛けごと飲み込んだことによる）の症状に酷似していた。北海道の猛禽類にも鉛中毒が広がっているのだろうかと不安になった。

　猛禽類医学研究所では、血中鉛濃度（血液に含まれる鉛の濃度）を調

血中鉛濃度の測定器（Leadcare）

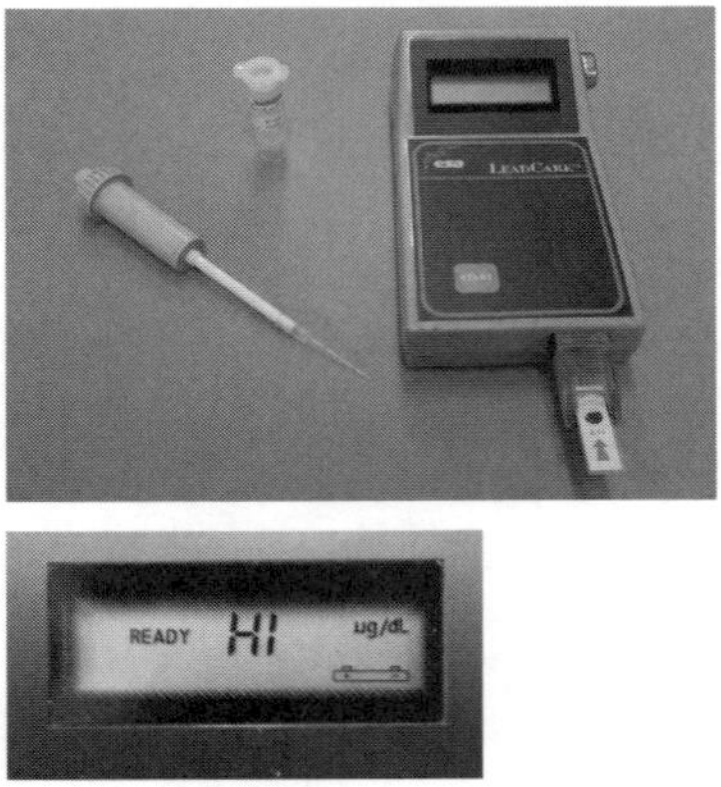

正常値:10µg/dl未満
鉛暴露（高濃度鉛汚染）:10～60µg/dl未満
急性鉛中毒:60µg/dl以上
65µg/dl以上の場合はHIと表示される。

べる測定器を使っているが、測定器がなかった当時は人間の臨床検査を行う会社に検査を依頼して鉛中毒と確定した。

１９９７年度には21羽の鉛中毒の海ワシ類が収容された。胃の中から見つかったのは、エゾシカの体毛や肉片と混ざってバラバラに砕けた細かい金属の破片だ。水鳥猟用鉛散弾とは形状がまったく違うが、同じように鈍い灰色をしていた。狩猟に使われる鉛ライフル弾が思い浮かんだが、長さ2センチほどの銃弾がここまで小さくなるものだろうか。

ハンターに確認したところ、ワシの胃の中から見つかった破片と、エゾシカの被弾部に含まれる鉛片の形状が鉛ライフル弾によるものと一致することがわかった。その後、大型

エゾシカの死体（狩猟残滓）に群がるワシたち。

ワシの胃の中から発見されたエゾシカの体毛と鉛のかたまり。

獣猟用の鉛散弾（鉛サボットスラッグ弾）もワシの胃の中から見つかっている。エゾシカ猟の際には射止められた獲物は猟場で解体され、当時は食用部分を切り取ったあとの大部分が放置されていたのだ。その中には傷みの激しい被弾部も含まれていた。

オオワシやオジロワシは魚を食べる海ワシ類だが、鉛弾で射止めたエゾシカの狩猟残滓《ざんし》を餌にして中毒に陥っているに違いない。とくに餌の少ない時期にエゾシカの死体があれば、最も強い個体が弱い個体や若い個体などを押しのけ、肉が露わになった食べやすい被弾部を口にするだろう。自然界のルールとは真逆に、強い個体から順に死ぬ現状が一番の問題点だ。

厳しい自然界での競争を勝ち抜いてきた強く賢い成鳥が死ぬだけではなく、一生のうちに産むはずだった次世代の芽も摘んでしまうことになり、希少種では絶滅への最短コースを歩む状況になっている。

その後、北海道内で行った捕獲調査により、クマタカにも鉛中毒が蔓延していることが判明した。そこで本州以南で傷病により収容されたクマタカやイヌワシの血液や死体を調査したところ、道外でも希少猛禽類の鉛中毒が発生していたことがわかった。鉛中毒は北海道に生息する猛禽類の風土病ではないのだ（近年には山梨県でクマタカの捕獲調査を行い、複数羽の鉛中毒個体を確認した）。

狩猟の弾を安全な銅弾に変える

世界では、水鳥で鉛中毒が起きていることは問題として古くから知られている。犯人はカモ猟で使われる水鳥猟用鉛散弾である。ひとつのカートリッジに2ミリ程度の鉛の粒が数百発以上装填され、発射してから獲物に向かって飛散するしくみだ。小さい粒でも水鳥や小動物を射止められる一方、当たらなかった分がばら撒かれる環境の「鉛汚染」が危惧されていた。

１９９８年に、私は国際学会で北海道における猛禽類の鉛中毒事例を発表した。これまで知られていなかった鉛ライフル弾の問題は世界中の研究者に大きな衝撃を与える一方、大きな転機を呼び込む。アメリカの研究者から「銅製のライフル弾頭」が送られてきたのだ。銅は野生動物が飲

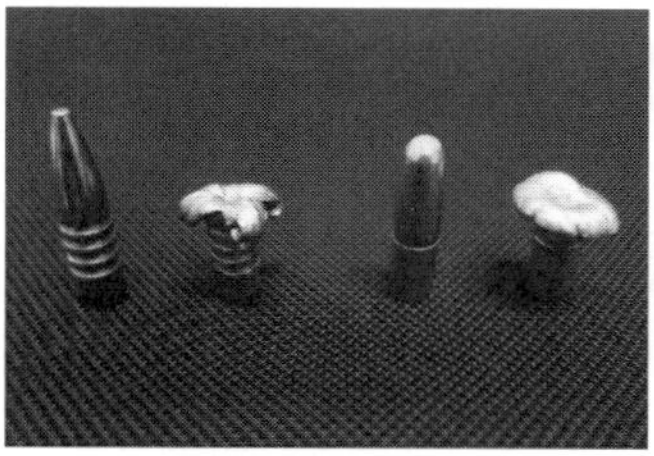

2種類の銅弾。被弾の際に変形するがバラバラにならない。

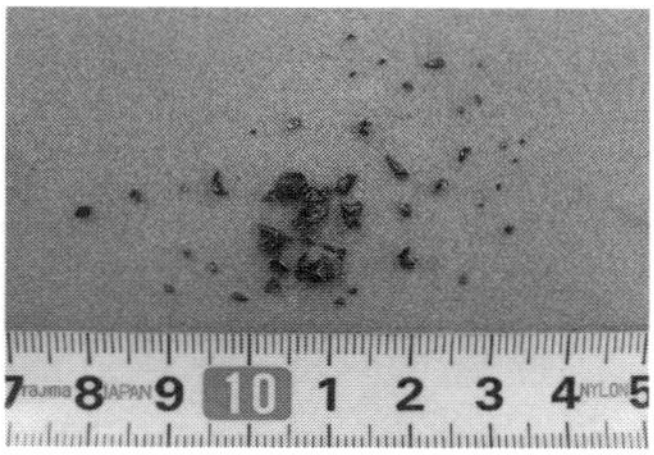

鉛ライフル弾で撃たれたエゾシカの被弾部から摘出した破片。

み込んでも無害であり、環境に破片が散らばることもないという。のちに大型獣猟用鉛散弾や鉛スラッグ弾（鉛サボットスラッグ弾を含む）に代わる銅製の散弾の存在も知り、鉛中毒や鉛汚染をゼロにできるのではないかと期待が膨らんだ。

ところが、ハンターから思いがけない反発を受けることになる。鉛中毒の根源は鉛弾であり、私は狩猟そのものを否定したことはない。子どものころに過ごしたフランスで、ハンターは野生動物や環境に配慮した狩猟が自然との付き合い方だと学んでいる。ところが、自然愛好家vsハンターという誤った対立の構図がメディアを介して広まり、ハンターが悪者扱いされるようになってしまったのだ。

自宅や研究所にはさまざまな脅迫状が届き、「身の安全を保証しない」という電話も受けた。とくに悲しかったのは、達筆な字で書かれた手紙を読んだときだ。私よりも年上であろう人生の先輩が、脅すようなことを書くのか、と。

このような状況のときに、ハンターの立場から鉛中毒の問題に取り組んでくれたのが、戦友のひとりである清水 聡さんだ。狩猟における鉛弾の問題に対して、ハンターの立場から改善策を示してくれた。四半世紀にわたって共に活動してきた彼がいなければ、２０２５年に始まる鉛弾の全国規制は実現しなかったと思う。「今度こそ鉛の問題から卒業したいよね」と話している。鉛弾の危険性（人間・動物・環境に対する脅威）が知られるにつれてハンターの誤解は徐々に解けてきたが、銅弾の普及と価格の低下が今後の課題だ。実際に長年、銅弾を使っている清水さんの言葉は重みがあるのではないだろうか。

ハンターに銅弾を実感してほしい（ハンター・清水 聡さんの話）

私たちハンターも自然から恵みをもらっているわけだから、鉛弾に害があるとわかった時点で安全な銅弾やスチール弾に変えればいいだけの話だ。「銅弾は性能的に劣っている」と言われているが、ちゃんと使いこなせば鉛弾より優れていると思う。20年以上使ってみて自分なりにわかったことを伝えたい。

鉛弾は獲物に当たってから砕けて減りながら進む。確実に獲物を射止められるのが強みだと思われているが、じつは違う。ヒグマを撃った場合、厚さ20〜30センチもある皮下脂肪に阻まれ、被弾してから小さくなるので急所からずれることがあるのだ。

一方、銅弾は獲物に当たっても砕けないから、スピードを保ったまま確実に急所を貫く。ヒグマやエゾシカのような大型獣にも、狙ったとおりの弾道で入っていくから射止められる。

ばら撒かれた鉛はカモの砂肝の中へ

世界中で問題になっている水鳥猟用鉛散弾による鉛中毒も伝えておきたい。ヨーロッパ（EU加盟国）では毎年約10万トンの鉛が狩猟などを通じて環境にばら撒かれている。数十年以上にわたって水鳥猟用鉛散弾が使われている日本でも、自然界に相当量が蓄積しているはずだ。

カモなどの水鳥は小石や砂利を飲み込んで砂肝（筋胃）に蓄え、餌をすりつぶすために利用しているが、鉛散弾も用途にぴったりの大きさなので口にしてしまい、鉛中毒や鉛汚染に陥る。鉛成分は血液を介して全身に広がり、たとえ砂肝の鉛を取り除いたとしても骨などに蓄積した鉛は容易に排除できない。

水鳥の鉛汚染の状況を調べるために、伝統猟法の継承のためにカモ猟を行っている宮内庁の鴨場で調査をさせてもらうことにした。網で捕獲する伝統猟法では銃を使わないため、当地では水鳥は鉛散弾を誤食して鉛汚染されないはず。しかし渡りのルート上や越冬中の行動圏内で、環境中にある鉛を飲んでいる可能性が高いと考えたのだ。

左下の表は2018〜2020年に埼玉県と千葉県にある宮内庁の鴨場で捕獲したカモの血中鉛濃度を検査した結果だ。カモは日本には毎年9〜10月ごろ北方から飛来して、翌年4〜5月ごろに帰る。渡来から数カ月後の2月の調査では鉛汚染率が14・6%、17・8%と高く、渡来から日が浅い11月は5・8%と低い。カモが越冬中に国内の環境にばら撒かれた鉛散弾などを飲み込んでいる可能性が高い。

また、鴨場で衛星送信機を取りつけたオナガガモを追跡したところ、東京湾に出てからまた猟場に帰る個体と、そのまま離れてしまう個体がいた。2月の調査で血中鉛濃度が高かったカモたちが、埼玉県や千葉県より南方で鉛を飲み込んで、渡りの帰路に猟場にたどり着いた場合、鉛汚染が広範囲の地域に及んでいることも考えられる。

環境にばら撒かれた鉛は生態ピラミッドの中に入り込んでいる。そのため、鉛に汚染されたカモ

捕獲されたカモ類の鉛汚染状況

年月	捕獲羽数		鉛汚染確認数		鉛汚染率
	埼玉県	千葉県	埼玉県	千葉県	
2018.2	47	42	7	6	14.6%
2019.2	92	43	16	8	17.8%
2020.11	26	59	0	5	5.8%
計	165	144	23	19	
	総数	309	総数	42	13.6%

を食べた猛禽類が鉛中毒に陥ることも十分考えられ、カモの衛星追跡でもそれを示す具体的な事例が確認された。さらに、現在カモの砂肝に入ってる鉛散弾が環境中にばら撒かれたのは今年なのか50年前なのか。人間と動物と環境の健康を守るためには、鉛弾を規制するだけでなく、はるか昔から鉛に汚染され続けてきた環境を除染しなければならない。

鉛の危険は私たちの食卓にも忍び寄る

シカやイノシシなどの大型獣の狩猟に使われる鉛ライフル弾は、撃たれた獲物の体内でバラバラに砕け散るため、たった1発で鉛にひどく汚染されてしまう（左記のレントゲン写真参照）。食肉加工場ではジビエ（シカ、イノシシ、カモなどの野生動物の肉）を精肉にする際に金属探知機で確認していると聞くが、砂粒のような細かい破片も含め、確実に検知するのは難しいだろう。レントゲン検査をすれば写るが、見つけたとしても完全に除去するのは不可能に近い。砂肝に蓄えた鉛弾から血液を介して鉛成分が全身に広がったカモなども同様だ。

海外の研究者がハンターと家族の鉛血中鉛濃度を調べたところ、猟期になると一気に高くなることが明らかになった。ジビエを食べる際に残っている鉛弾の破片をどこまで取り除いているかわからないが、ジビエを食べない人に比べて血中鉛濃度が上昇していた。また、市場に出回っているジビエの鉛濃度を調査したところ、基準値より高かったという研究結果もある。獲物の部位によって鉛含有量が異なる可能性も指摘された。

近年はジビエがレストランのメニューに並び、学校の給食に利用する地公体が増えつつある。体重が軽い子どもは鉛の影響を受けやすく、成人よりも健康被害が起きるリスクが高い。海外では妊婦や子どもが少量の摂取でも影響を受けた事例があるため、ジビエに対する注意喚起がなされている。イヌやネコのペットフードの原料にもジビエが使われているが、安全性はどこまで確認されているのだろうか。鉛中毒の危険は私たちのすぐ近くにあることを知っておくべきだ。

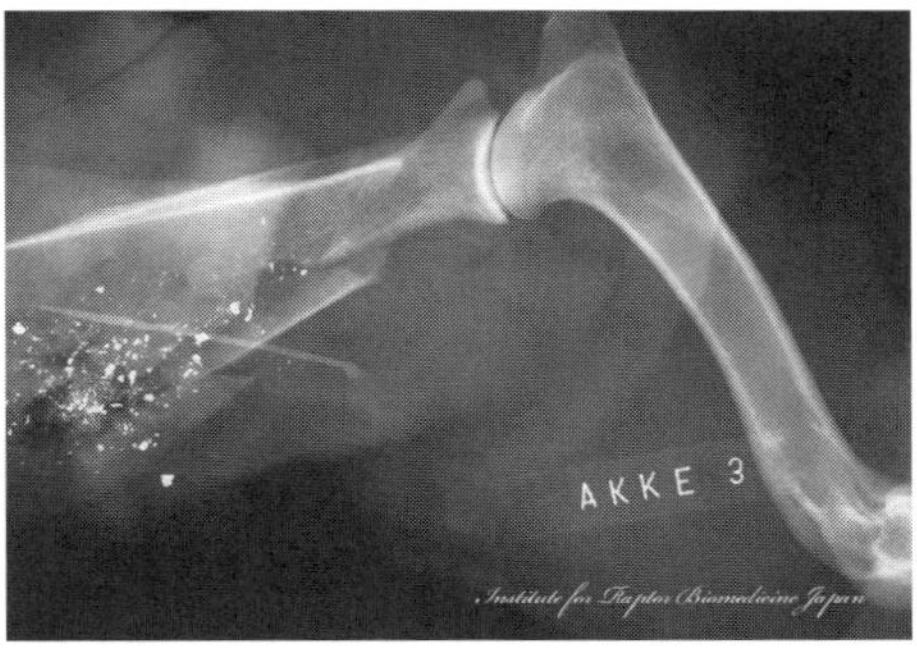

1発の鉛ライフル弾で撃たれたエゾシカのレントゲン写真。破片が無数に散らばる。

鉛中毒ゼロ！　世界に先駆けて日本で実現へ

鉛は動物だけでなく、人間と環境にも悪影響を及ぼすことは明らかだ。北海道では行政、狩猟団体、環境保護団体が協力して鉛中毒問題の解決に向けて取り組み、2000年から着々と法律や条例によって鉛弾の使用や所持が規制されている。最近では釧路市の蝦名大也《えびなひろや》市長は道内での鉛弾規制後も鉛中毒が発生していることを重く受け止め、環境治療促進の一環として各所へのポスター配布など積極的に活動している。

北海道では2000年から法律に基づき鉛弾の使用が段階的に規制され、2014年からはさらに条例でエゾシカ猟時の鉛弾の所持も規制されているが、いまだに鉛中毒の発生がゼロにならない。取り締まりを強化しても、道内で規制されている特定鉛弾（鉛ライフル弾および粒径7ミリ以上の鉛散弾）を、規制のない道外から持ち込んで違法に使っているハンターがいるのだろう。数十年前から全国の環境中に蓄積している水鳥猟用鉛散弾の除染も含めて、国の主導により早期に全国からすべての鉛弾を撤廃し、鉛中毒を防ぐ根本策を加速させることが必要ではないか。

【野生動物の鉛中毒に対する法律および条例】

2000年度：北海道が鳥獣保護管理法に基づく指定猟法禁止区域になったことを告示。エゾシカ猟における鉛ライフル弾の使用を禁止
2001年度：右同告示。エゾシカ猟におけるすべての鉛弾（鉛ライフル弾および粒径7ミリ以上の鉛散弾）の使用を禁止
2003年度：右同法により、狩猟残滓の放置を全国で原則禁止
2004年度：右同告示。エゾシカやヒグマなどのすべての大型獣猟の鉛弾（鉛ライフル弾および粒径7ミリ以上の鉛散弾）の使用を禁止
2014年度：北海道条例の「北海道エゾシカ対策推進条例」によってエゾシカ猟時の鉛弾所持を禁止。法律の上からさらに規制の網をかけた
2021年度：小泉進次郎環境大臣（当時）が2030年度までに野生鳥類における鉛中毒の発生ゼロを目指し、2025年度から全国の狩猟を対象にした鉛弾を段階的に規制することを発表
2025年度：狩猟での鉛弾の使用を段階的に全国規制（開始予定）

世界では野鳥の鉛中毒死が毎年数百万羽を超え、国際自然保護連合（IUCN）で

も規制に向けて動いているなか、日本は２０２１年度にいち早く「２０３０年から野生鳥類の鉛中毒が発生しない国にする」と発表した。歴代の環境大臣と環境省が成し得なかった、全国での鉛弾規制方針を表明したことを評価する。

鉛中毒の根絶は私たちにとって悲願であり、成し遂げるための最終段階に来ている。環境中にばら撒かれた鉛散弾も除染する必要があり、越えなければいけないハードルは多いが、世界に先駆けた日本の取り組みをみなさんと一緒に応援したい。

カエルにつられて「自動車事故」に遭うシマフクロウ

橋の上に設置したポールで衝突を防ぐ

猛禽類の傷病原因の中で自動車との衝突による交通事故の「割合」が最も多いのは、シマフクロウだ。環境省の記録では、１９７３～２０２４年9月までの間に少なくとも50羽が交通事故に遭い、35羽が死亡していた。生体で収容できた14羽のうち、野生復帰がかなわなかった個体も多い。

シマフクロウの交通事故は発生時期と場所に特徴がある。Ｐ１７４のグラフのとおり８～10月に急増する理由を探っていくと、幼鳥や亜成鳥（幼鳥と成鳥の間の若い個体）の被害が多く、巣立ちを経て行動範囲が広がる時期に一致することが判明した。橋の上で多発している理由も、河川に沿って移動する際に、橋を低空飛行で越えようとして自動車と出会い頭にぶつかってしまうからだろう。

希少種を交通事故から守るために、行政と協力して環境治療を進めることにした。まずは低空飛行による自動車との出会い頭の衝突を防ぐために、事故が多発していた橋の欄干に沿って高さのある旗（以前より行われていた）やポールを設置。シマフクロウが障害物の上もしくは橋の下を飛ぶように誘導し、衝突を防ぐ試みだ。

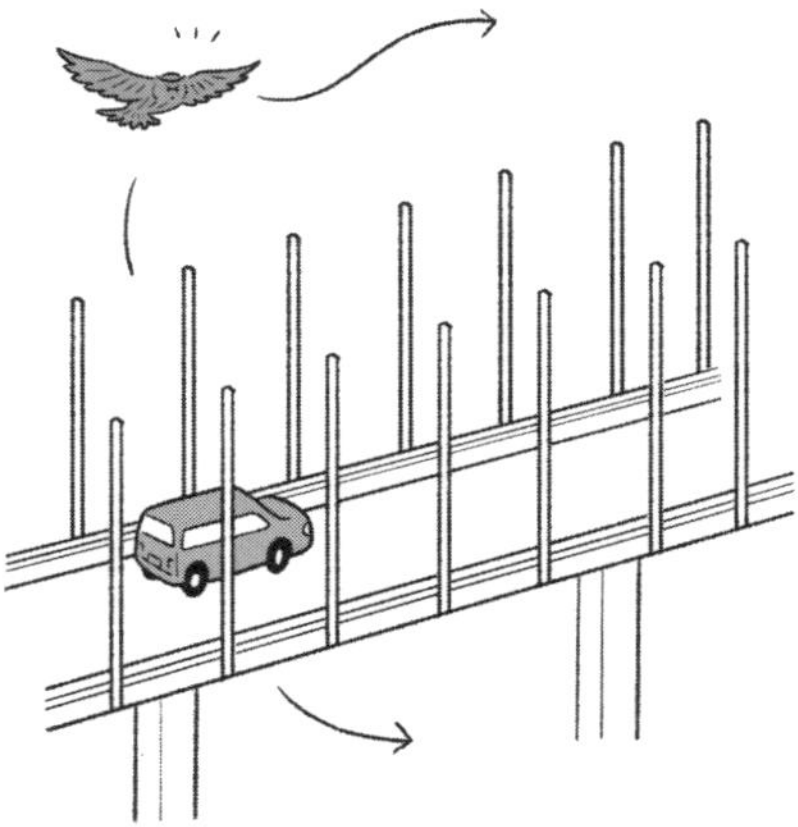

道路のガタガタ音で車の接近を知らせる

一般の道路上で自動車事故に遭ったシマフクロウは頭や顔を中心に上半身に重傷を負っている。野生動物法医学で読み解くと、胃の中に未消化のエゾアカガエルが入っている個体が多く、餌を食べるために道路を利用しているのは間違いない。橋上を通過する際の事故防止だけでは不十分であることがわかってきた。

衝突が上半身に集中している理由は、地面に降りているシマフクロウが事故の直前まで逃げる体勢をとれず、自動車のバンパーに衝突しているからではないか。人間の作った道路を餌場として利用した結果、命を落とすことになってしまったのだ。

夜行性のフクロウ類は、光を敏感に感じる桿《かん》

シマフクロウにおける交通事故の発生月(1973〜2024年)

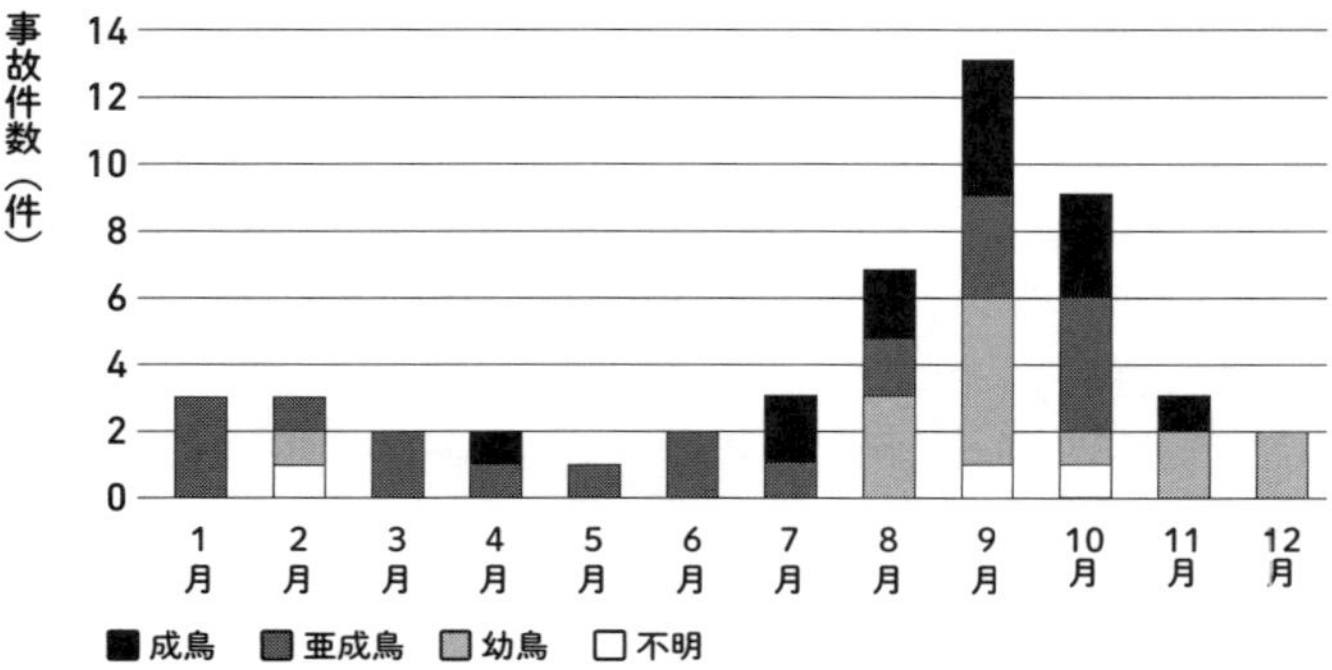

体《たい》細胞が網膜に多く存在するため夜目が利く。また、網膜の裏側に輝板（タペタム）という反射板があり、眼球の中で光を増幅させる構造になっている。自動車のヘッドライトのような強い光が目に入った場合に瞳孔が収縮し、目がくらんで逃げるべき方向を視認できなくなる可能性が高い。私たちが暗がりでいきなり懐中電灯を向けられると、周りが見えなくなるのと同じだ。

そこで、逃げ遅れないようにする対策も考案。大型の猛禽類は小さい野鳥と違ってパッと飛び立てないので、自動車の接近を早く知らせる必要がある。カエルがよく路面に出て来る水辺手前の路面にグルービング（スリップ防止用の溝）を刻み、ガタガタという音と振動で遠くからでも自動車に早く気づけるようにした。ヘッドライトの強い光で目がくらむのも防げるので、余裕をもって飛び立てるだろう。

餌となるエゾアカガエルが道路に上がってこないように誘導する側溝（道路と反対側には這い出せる構造）も設置した。傷病鳥の救護や死亡究明から原因がわかれば、このように確実な対策を打てるのだ。

これで一安心かと思いきや、近年はシマフクロウがガードポール（ガードレールやガードロープを支えるポール）に止まり、路面に現れるエゾアカガエルやネズミを狙う姿が確認された。このままでは自動車に驚いて飛び立った拍子に衝突する危険がある。どうすればいいのか……。そうだ、シマフクロウに聞いてみよう。

釧路湿原野生生物保護センター内にあるシマフクロウのフライングケージ内で、円盤型のデリネーター（反射板）をポール上に設置してリハビリ中の個体を観察したところ、止まるのを避けることが確かめられた。シマフクロウのお墨つきなら間違いないだろう。

「列車事故」の被害者は、優秀なワシが多い

線路は新鮮な肉が手に入る餌場

２０００〜２０２３年度の間にオオワシでは97件、オジロワシでは１１６件も列車事故が発生している。事故を誘発しているのは、鉛中毒や交通事故と同じくエゾシカだ。列車にはねられて線路上や線路脇に放置されたエゾシカの死体を夢中で食べている猛禽類が、接近してきた後続列車から逃げ遅れて衝突してしまう。生きて保護されることはまれで、即死することが多い。

彼らは基本的に海の近くで魚を食べる海ワシ類だったが、現在ではエゾシカの死体への依存度が高くなっており、新鮮な肉がたやすく手に入る線路沿いを餌場にしている（このことは野生復帰させたワシに取りつけた衛星送信機のデータから明らかになっている）。餌の少ない厳冬期に食べられるものを必死に探し、エゾシカの轢《れき》死体を発見した優秀なワシが危険な線路に引き寄せられている。

猛禽類が傷つく原因にエゾシカが関係していることに着目したい。北海道では、移動しやすく除雪もされる線路周辺をエゾシカが通り道として多用するため、列車事故が多発していることが問題になっている。列車に乗っていれば、数十頭の群れが線路を並走したり横切ったりする様子を見られることも珍しくない。

エゾシカは１００年前には絶滅が危ぶまれるほど個体数が減少したが、それから爆発的に増えて北海道では２０２３年度に73万頭が生息していると推察されている。エゾシカが家畜用の牧草地に侵入し、栄養価の高い牧草を食べて出生率や生存率が急上昇したからだろう。私はたまたま通りかかった牧草地を見て、最初はエゾシカ牧場かと思ったほどだ。人間活動によって生態系のバランスが崩れていることを実感する。

エゾシカの轢死体を覆うシートを開発

エゾシカの列車事故は、２０２２年度に２８８１件も発生している。列車の運休や遅延に加えて乗客のけがにもつながりかねないが、件数が桁違いに多い分、鉄道会社でも苦労しているようだ。

本州ではシカが鉄分を補給するために線路をなめにきて事故に遭うとされるが、北海道では見たことがない。マイナス10度以下になることも珍しくない厳冬期に湿った舌で線路をなめたら張りついてしまう。本州以南で採用されている鉄分を含有したシカ専用誘引材を線路から離れた場所に設置する対策は、寒冷地に加えて積雪地でもある北海道の環境には適合しないだろう。

まずは猛禽類を対象に野生動物の列車事故防止へと一歩を踏み出したい。鉄道会社ではエゾシカをはねてしまった場合、列車を運行するために轢死体を線路脇に移動させるが、保線部門が実施している完全な撤去までには時間がかかってしまう。猛禽類の事故を予防するためには轢死体を速やかに撤去するのが理想だが、線路から遠ざけたり轢死体をワシから隠したりする対策も効果はあるはずだ。

私たちは環境省や北海道旅客鉄道株式会社（ＪＲ北海道）と協力し、応急処置として轢死体を覆うシートを開発した。エゾシカの列車事故が発生した際に、限られた人員でも素早く死体を隠したり運搬したりでき、猛禽類が近づかないシートが望ましい。角があるエゾシカを覆えるサイズ、軽量でも風に飛ばされない構造、撤去する際には引きずって運搬できる強度などを条件に、「エゾシカ覆隠《ふくいん》シート」の試作品が完成した。道内で２０２３年度から試用を行っているので、目にした人もいるかもしれない。

その後、国土交通省釧路開発局根室道路事務所から、自動車事故の防止にもシートを活用できないだろうかと連絡があった。ワシたちが道路横でエゾシカの轢死体を食べていたところに、自動車が衝突してしまった事故も起きているからだ。野生動物との共生を願う関係者の協力はありがたい。

交通事故で収容された猛禽類を検査すると血中鉛濃度が高いこともあり、鉛中毒によって高速で接近してくる車や列車を回避する判断や運動能力が低下していた可能性も否定できない。野生動物の傷病・死亡には複数の原因が同時に存在していることも想定して究明することが重要だ。

鳥が翼をもがれて即死する「風車衝突事故」

時速300キロのプロペラに両断される

風力発電施設のプロペラ型風車への「バードストライク」によって、多くの野鳥の死亡事故が起きている。北海道内では2000〜2024年9月の間にわかっているだけでもオオワシとオジロワシでは90羽も報告され、さらにクマタカやオオジシギ、カモメ類、カモ類などの多数の野鳥も被害に遭っている状況だ。

プロペラの先端は最大時速300キロメートルで回っていて、鳥がブレードを回避するのは難しい。また、高速で動く大きな物体は接近するほど見えにくくなる「モーション・スミア現象」という目の錯覚も引き起こす。猛禽類は上方向が見えにくいという解剖学的な特徴があるため、多くの場合上から降ってきたブレードに衝突し、胴体や翼が叩き切られて死んでしまうのだ。

風力発電は再生可能エネルギーとして注目を集め、北海道では日本海沿岸や根室半島などの海沿いの地域を中心に大型が４００基以上、小型は８００基以上が稼働中だ。周辺を調査するとさまざまな鳥の死体が落ちている。

ブレードに激突した角度によっては遠くに飛ばされる、草むらややぶに紛れる、木に引っかかる、崖などの見つかりにくい場所に落ちるといったことが考えられ、死体が虫やキツネに食べられて発見前に消えることもある。また、冬季には被害鳥の死体が降雪や地吹雪であっという間に見えなくなるだろう。収容できた鳥は氷山の一角と推測している。

道外の事業者が管理している小型風車は見回りもされていないのだろう。すぐ下まで行けることが多いので、私たちはよくパトロールしている。みなさんもとくに希少猛禽類（オオワシ、オジロワシ、クマタカ、ハヤブサなど）の死体を見つけたら、できれば写真を撮って環境省事務所まで一報を入れてほしい。

プロペラ式風車は1基だけでなく多数が設置されていることもあるうえ、猛禽類が餌場にしている海沿いや川沿い、多用する尾根筋、繁殖地などの重要な生息圏、渡りなどの移動のルート上にあるのが問題だ。風車のプロペラに色をつけて視認性を高める試みも行われているが、障害物を迂回しなければならない状況が続けば、やがて繁殖や渡りなどの生態にも影響するだろう。希少猛禽類の場合は、風車を避けさせる対策だけでは不十分だと考えている。

ブレードのないマグナス式風車を検証中！

北海道で確認された希少猛禽類のバードストライクの発生状況

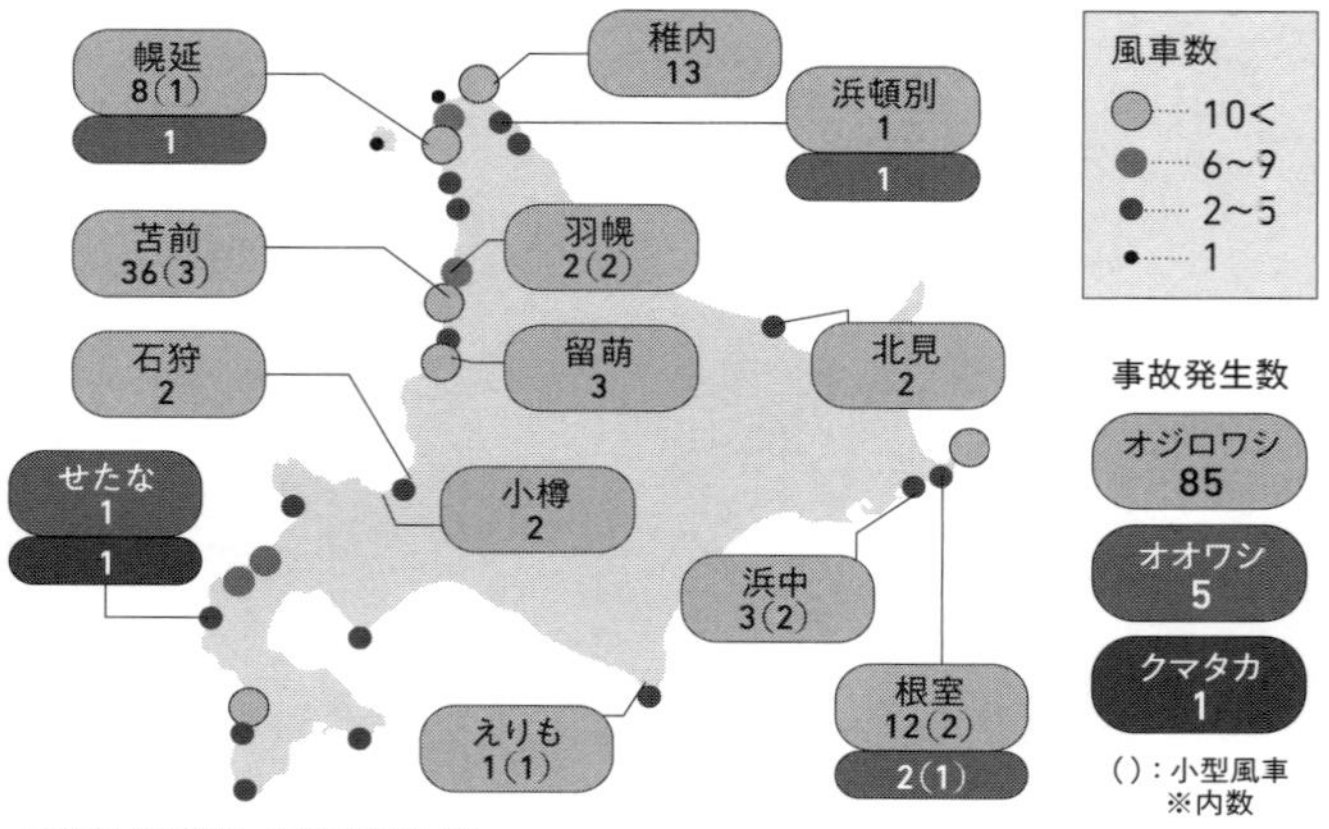

※91例／2000年～2024年9月14日

現在は野生動物への被害を減らす対策として、風力発電施設の建設地を規制している。一方、地球温暖化の原因になる温室効果ガスを出さない風力エネルギーが利用できれば、環境の保全にも役立つ。バードストライクをなくしたいが、人間と動物と環境にやさしい風車との共生の道も探りたい。

株式会社チャレナジーが開発した、プロペラがなく回転がゆるやかな「垂直軸型マグナス式風力発電機（マグナス式風車）」に着目し、2018年から共同研究を行っている。マグナス式風車は、垂直軸型で、円筒翼を回転させることで発生するマグナス力（回転している物体への風向きに対して垂直方向に働く力）を活用して発電する新型の風力発電機だ。国内では沖縄県石垣市で稼働している。

環境省から活用が許可された終生飼育個体のフライングケージに実際の8分の1スケールのミニチュアマグナス式風車を設置。10〜16時の間に稼働させて回転する風車への視認性や稼働中の音に対する反応など、ワシたちの行動を記録している。円筒翼の隙間に入ろうとすれば巻き込まれて事故が起きる可能性を考慮して、透明のビニールでガードしているが、今のところ風車を気にする様子もなく過ごしている。円筒翼に色模様をつけたり試験に参加してもらうワシを入れ替えたりしてその時々のワシの反応を確認中だ。私たちはバードストライクもゼロにできる日を目指している。

今のところ供給できる電力は大型風車にかなわないが、近い将来には少なくとも小型風車に代えられると期待している。小型風車は大型風車に比べて建設に関わる手続きや認可が容易なだけに、行政も正確に状況を知らない状態で乱立している傾向にある。事業者に対し、生物多様性の保全のために安全なマグナス風車を選択する余地をつくりたい。

送電鉄塔に止まった猛禽類が「感電事故」の被害に遭う

見晴らしのよい場所を求めて電線に接触する

鳥の感電事故は送電鉄塔・配電柱と電線、あるいは2本の電線に同時に触れたり近づいたりすると、電線からの電流が身体を伝って鉄塔・電柱へ流れることで起きる。

猛禽類は見晴らしのよい高いところに止まる習性があるため、送電鉄塔や配電柱を利用することが多い。止まろうとしたときや飛び立とうとしたときに翼や脚が電線や鉄塔に触れると感電するのだ。鉄塔の腕金（横に伸びた構造物）上に止まっている鳥が糞をした場合、粘稠性のある糞が長くしたたり落ちて足元の電線と接触し、総排泄孔（肛門）と脚の間に電流が流れ、感電事故が発生したこともある。

北海道電力が瞬間的な停電を感知した際に現地調査を行ったところ、感電事故に遭った鳥が見つかっている。猛禽類ではオオワシ、オジロワシ、シマフクロウ、クマタカなどが感電死している、また、道外ではコウノトリが配電柱に巣を作ろうとして事故に遭うのも問題になっている。

彼らはどのように死んだのだろうか。感電死した鳥は電流が通った皮膚や羽毛に重度のやけど（電撃傷）が残り、鉄塔や電線に直接触った趾（あしゆび）は焦げて炭化していることも多い。事故の状況や発生場所に加え、鳥が感電したときの姿勢や通電部位がわかれば再発防止の重要な手がかりになる。

猛禽類を守る感電防止器具の開発

感電事故対策は、猛禽類を守るだけでなく地域の停電を防ぐためにも重要だ。とはいえ猛禽類の習性を考えれば送電鉄塔を利用させないようにするのは難しい。

病理解剖の結果から推察された事故状況をより詳しく検証するために、北海道電力の協力のもと、釧路湿原野生生物保護センター内のフライングケージに送電設備の模型を設置し、終生飼育個体が止まる際の姿勢を確認することにした。

根本策としては、新しく作る送電鉄塔・配電柱と電線、あるいは2本の電線の離隔を鳥が触れない距離にする対策が有効で、翼開長（翼を広げた長さ）や、全長（くちばしの先から尾羽の先）よりも広く確保すれば事故を防げるはずだ。

既存の鉄塔や電柱といった危険な場所には接近させない対策として、鉄製の棒を列状もしくは放射状につけた感電防止器具「大型猛禽類用バードチェッカー」を開発した（現在も改良中）。センターで飼育しているシマフクロウやオオワシでも避けることを確認できたので、道内で使用中の送電鉄塔や配電柱の2500カ所以上に取りつけられている。また、腕金《うでがね》端や碍子《がいし》（絶縁するための器具）上など、鉄塔での取りつける場所によって採用するバードチェッカーの形状も異なる。さらに別の対策として、送電鉄塔や配電柱の安全な場所に止まり木を設置する試みも行われている。

送電線に触れて感電死したオジロワシを解剖した際に体内で産卵準備中の卵を見つけたり、巣立ったばかりの幼鳥の被害に遭遇したりしたことがある。こうした被害を目にするたびに、再発防止と予防をスピード感をもって進めなければならないと痛感する。環境省や電力会社と連携しながら、送配電設備を新設する際には希少猛禽類の生息状況を事前に把握し、あらかじめ鳥が止まったときにも安全な設計にするよう対策を進めている。

新たな脅威、太陽光パネルとアライグマ

1994年に釧路湿原野生生物保護センターに着任してから、人間との軋轢で傷ついている多くの野生動物や自然環境を診てきた。行政や企業の協力を得ながら着実に改善への道を歩んできたが、新たな問題を目にすることもある。

たとえば、全国的に急速に広まった太陽光パネル。釧路湿原でもこれまでにない規模の太陽光パネルが乱立している。土地が平らで山林を伐開する手間も省け、さらに地価が安いことも開発に拍車をかけているのだろう。地球温暖化を防ぐ発電方法と話題だが、メガソーラー（大規模太陽光発電）の自然破壊が問題になっている。

湿地の環境は私たちが想像する以上に脆弱《ぜいじゃく》だ。オオワシの調査でサハリンに行ったときに、クローラ（キャタピラのついた自動車）の跡が碁盤の目のようにくっきりついているのを見つけた。開発の波が来ているのかとロシアの研究者に聞いたところ、クローラは石油天然ガスの埋蔵状況を調べるために、国や企業が数十年前に数回通っただけだという。なのに踏み潰された湿地が元に戻っていないことに衝撃を受けた。森林を回復する際には周りと同じ木を植えるが、湿地を元に戻すのは簡単ではない。

釧路湿原周辺でオジロワシの調査を行っていた際、巣立ったばかりの幼鳥が太陽光パネルを下から支える架台に止まってしまい、上

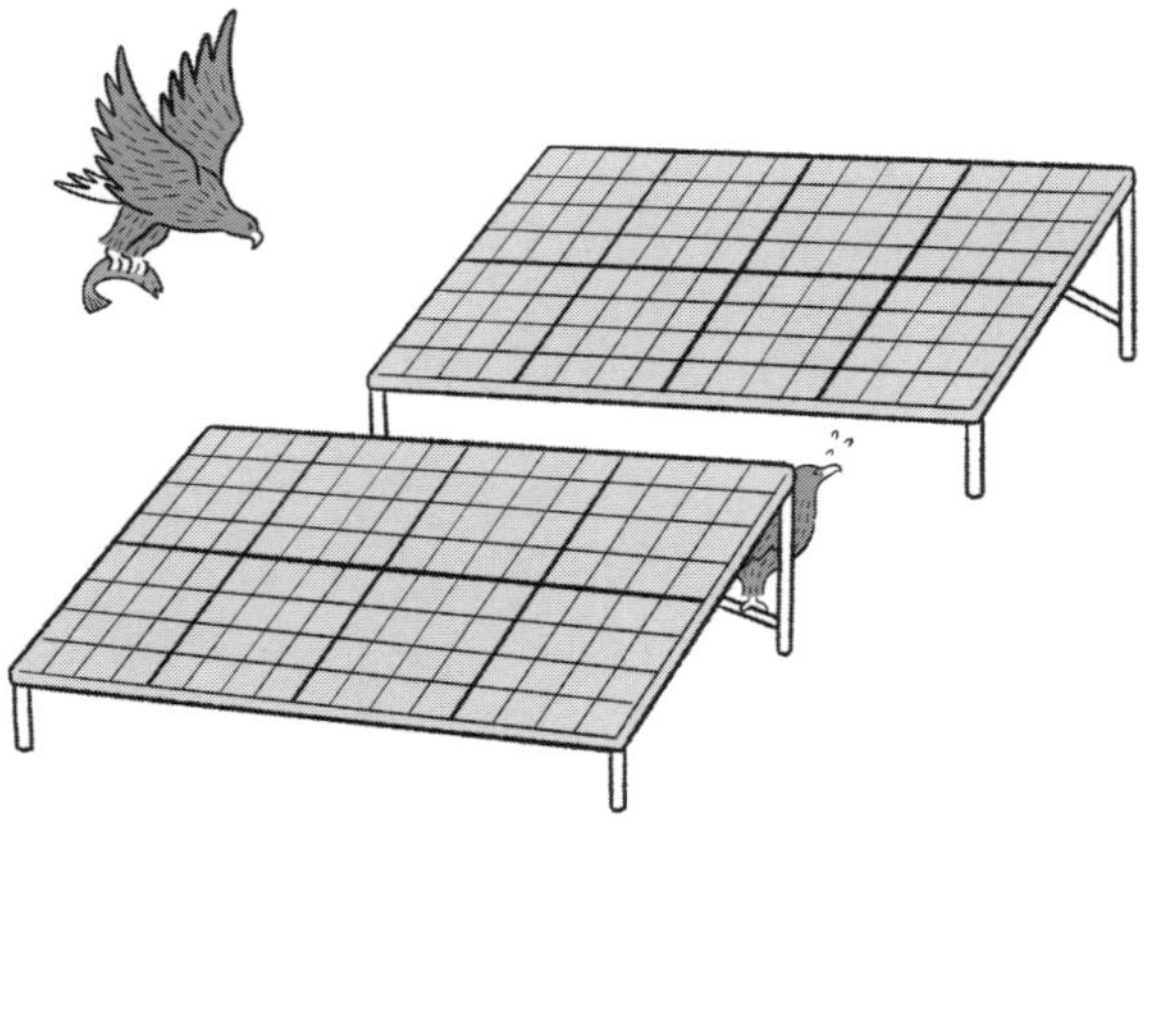

空から餌を運んでくる親鳥に発見されにくくなっている場面を見つけた。釧路湿原では以前よりタンチョウやキタサンショウウオへの影響が問題視されていたが、猛禽類についてては湿原周辺で繁殖するオジロワシに加えて、とくにチュウヒへの悪影響が心配される。チュウヒは地上に巣を作る希少な猛禽類で、日本国内で繁殖するタカ科鳥類の中で繁殖個体数が最も少ない。2020年ごろに日本野鳥の会が行った調査では、全国の繁殖つがい数はわずか135つがいであり、北海道が最も多かった。道内で繁殖するチュウヒに大きな影響が及べば、種の存続も危ぶまれるかもしれない。

釧路市は太陽光パネルの建設にガイドラインを設け、現在条例化に向けた準備が進められている。電気の恩恵を受けている一人ひとりが、環境負荷の少ない自然エネルギーの活用を考える段階に来ている。

人間によって海外から持ち込まれた特定外来生物の脅威も見逃せない。国内には2000種を超える外来生物がいるが、なかでも人間や在来生物（昔から日本にいる生き物）、農林水産業などに被害を与える約150種が「特定外来生物による生態系等に係る被害の防止に関する法律」により特定外来生物に指定されている。

釧路湿原野生生物保護センターで保護しているシマフクロウのフライングケージに、アメリカミンクと思われる特定外来生物が侵入していたことがある。給餌池に入れたマスがなくなるのが早すぎるので監視カメラをチェックしたところ、排水孔からミンクが侵入して片っ端から食べていたのだ。

アライグマは１９８０年代の珍獣ブームのころにアメリカやカナダから輸入されたが、飼い主の管理不足で逃げたり放したりした結果、野生化して全国で5万頭以上に増えてしまった。希少種のシマフクロウやオジロワシの生息地にも入り込み、彼らの巣を襲って卵やヒナを食べてしまうことが懸念される。

特定外来生物は環境への適応力や繁殖力が非常に強いのが特徴だ。弱肉強食は自然界のルールとはいえ、本来はいないはずの場所にいる野生動物から在来生物を守るために、持ち込んだ人間が責任をもって対策を考えなければいけないと思う。

第6章

野生動物との共生はどうして大事？

「猛禽類と一緒に生きていきたい」と言う子どもたち

釧路湿原野生生物保護センターと猛禽類医学研究所の活動は、学校教育の教材にも取り上げられている。小学校の道徳の教科書には「異業種が手を取り合って社会を変える」というテーマで、猛禽類の感電事故をなくしたい私たちと、停電を防ぎたい北海道電力が問題解決に向けてコラボレーションする話が掲載されている。

中学校の英語の教科書には、鉛中毒の経緯や野生に帰れない終生飼育のワシたちの話が載っている。獣医師国家試験に向けたコアカリキュラム（必修科目）にも野生動物医学が入る時代になった。私の学生時代には考えられなかったことだ。

日本の学校では教わることが中心で、自分で考えたり体験したりする機会が少ない。自然環境に触れるフィールドワークの経験がないから、「自然を大切にしましょう」と言われても、何をどのように大切にすればいいのかつかめないと思う。だから教科書やメディアで私たちの活動を知ったとき、子どもながらに心を揺さぶられるのではないだろうか。

バックヤードツアーに参加した子どもたちは、事故に遭って飛べなくなった展示ケージのオオワシやオジロワシに会って「どうして傷つくんだろう」と疑問をもち、そのあと展示室でシマフクロウ「ちび」の剝製を目の当たりにして、「山や森を未来に残すため何をすればいいのか」と考える。

私の前著『野生の猛禽を診る』（北海道新聞社）は小中学生には難しい内容だが、読み込んだうえでこちらが答えに詰まるような質問を投げかけてくる子もいる。「鉛中毒は誰が見ても悪いことなのに、どうして解決できないんですか？」という問いには、四半世紀かけても鉛中毒がゼロにならない現実を突きつけられ、いたたまれない気持ちになったこともある。

「野生動物のために何ができるのか」と真剣に考えてくれる人たちの熱意、とくに子どもたちのパワーには圧倒されることもしばしばだ。「かっこいい猛禽類たちとこれからも一緒に生きていきたい」という子どもからの言葉は、私の宝物だ。

SNSの「いいね」で私たちの活動に参加できる

私は、傷ついた野生動物の声なき声を人間界に伝えるスポークスマンでもある。自然界の現状を知った人が何かひとつでもアクションを起こす、これで初めて「伝える」ことができたと考えている。だから「野生動物のために何ができるのか」と聞かれたときにはこう答えている。

「私が伝えたことをあなたも周りの人に伝えてほしい。1人に伝えれば2倍になり、2人に伝えれば3倍になる。がんばって10人に伝えてみませんか?」

野生猛禽類の現状と日々向き合っている私たちの率直な気持ちを表に出せば多くの人たちは共感して行動に移してくれると思っている。事実は波紋のように広がっていくものだ。センセーショナルな話題で無理やり波立たせる必要はないと考えている。

今はSNSの時代だから、投稿に「いいね」をつけたりシェアしたりするだけで多くの人に情報は届く。私のXのフォロワーは約7万人だが、リポスト(シェア)のおかげで診療や放鳥の投稿の閲覧履歴は数百万回にも及ぶこともある。保全活動に参加しようとしてくれるみなさんの意志を感じられて心強い限りだ。

野生動物と人間の問題を解決するには法律や条例の整備が必要不可欠である。政治を動かすには世論しかない。そしてＳＮＳは世論そのものであり、私の最大の味方だと思っている。まずは多くの人に猛禽類の存在を知ってもらうきっかけをつくり、それを皮切りに彼らの置かれている現状にも関心をもって調べ、保全に向けた行動を起こしてくれる人を増やしたい。

これまで届いていない人にまで情報を伝えるにはどうすればいいかと考え、副代表の渡辺獣医師にとくに若い世代に人気のあるインスタグラムの運用を任せてみた。「ゆるく楽しくおかしくおもしろく発信してくれ」と頼んだところ、「オジロワシってユーモラスで凛々しくてミステリアスでラブリー」などという投稿を始めたので大丈夫かな？と思ったが、猛禽類の新たな魅力を発見できると人気を得ている。最近では私の投稿より「いいね」の数が多いのがちょっと悔しい。人間と動物、そして環境の健康をバランスよく保全するワンヘルスを今風のキーワードに、かたく・ゆるく発信しているので、気軽に見に来てもらえたらとてもうれしい。

クラウドファンディングで広がる支援とコラボの輪

環境省の予算で賄えるのは、委託事業の対象となっている希少種のシマフクロウ、オオワシ、オジロワシ、タンチョウの餌代や治療費の一部のみである。野生動物の救護活動に必要な医療機器や医薬品などは、私たちが別の仕事で得た収入を注ぎ込んで少しずつそろえたものだ。

これらの必要経費の足しにするためにオリジナルグッズを開発し販売してきたが、活動を始めてから20年以上が経ち、老朽化して修理ができなくなった医療機器の更新や、より専門的な検査や治療ができる先進的な医療機材の導入に迫られた。とはいえ1000万円をゆうに超える医療機器もある。増えていく終生飼育のワシたち（環境省から維持費を任されている約40羽）の飼育管理費も膨大だ。

2022年に初めてクラウドファンディング（目的の賛同者から資金を調達する）

にチャレンジしたところ、１６９６人もの支援者から目標金額の5倍以上の２８１６万円の支援金が集まった。２回目には２６４０人から３６２３万１０００円、３回目には３４００人から５１９５万９０００円も支援金が届き、心強く思うとともに活動への賛同者の広がりを実感した。野生動物のために、アクションを起こしてくれたことがとてもうれしく、心から感謝している。

クラウドファンディングの支援者への返礼品には力を入れた。自分が限定品に弱いものだから、「素敵な猛禽類グッズがほしい」という動機で活動に参加するのも大いにありだと思っている。１人から２人へ、３人へと広がるように「これはシマフクロウの足跡なんだよ」とちょっとした話題にできるようなデザインを意識している。自分で買わないものは売らないのもポリシーだ。

ちなみに、３回目の返礼品のＴシャツは私もパッ

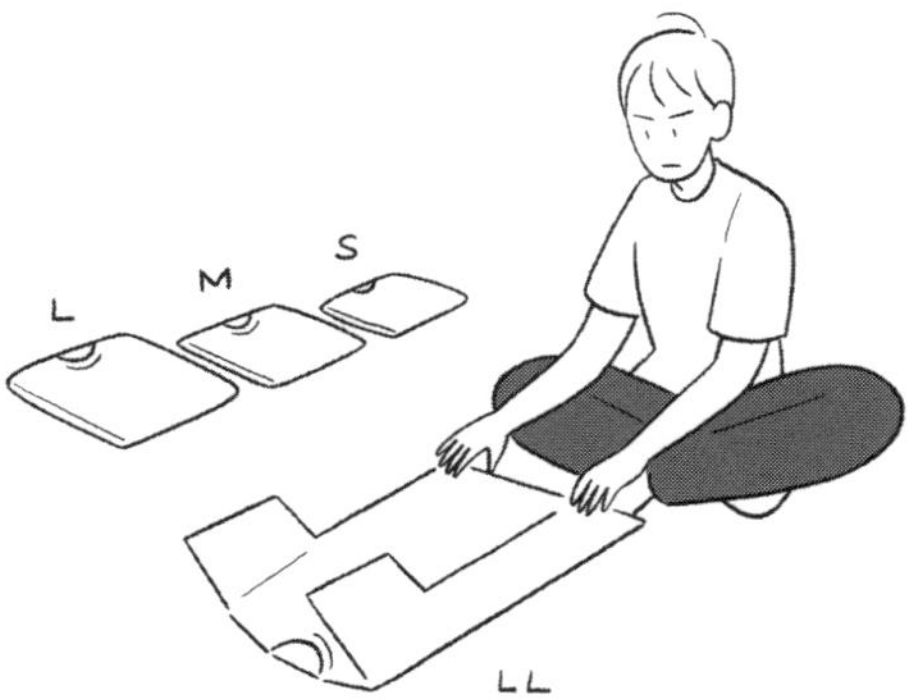

キングに参加した。決まった大きさのビニール袋に収めるにはサイズごとにたたみ方を変えなければいけないことに気づき、自宅に持ち帰って真剣に悩んだ。気づけば深夜で「どれだけこだわっているんだ」と我に返ったが、いつも梱包も含めて納得がいくものを届けたい一心でいる。

クラウドファンディングの返礼品には、野生動物に関わるアーティストにも手を貸してもらい、芸術作品を自然保護活動に生かしたいという気持ちもある。「鳥の工房つばさ」の鈴木勉さん、「やまね工房Ｃｏｔｔｏｎ」の落合けいこさん、野生動物画家の岡田宗徳さんに、それぞれが専門とする作品を頼んだところ、「自然保護に貢献できてすごくうれしい」と口をそろえて喜んでくれた。これこそ私が望んでいた異業種とのコラボレーションである。環境治療のようにさまざまな立場から同じ目標に向かう仲間を増やすことが重要なのだ。

野生動物とは今風の付き合い方を

自然環境や野生動物に関心をもってくれた人は、「もっと近くで見てみたい」という思いを抱くかもしれない。法律や条例では規制されていないが、バードウォッチングや無計画な餌付けが野生動物を脅かしていることを伝えておきたい。

近年は野生動物への配慮を欠いた写真撮影が繁殖行動を妨げているという問題もある。間近で観察したい気持ちも理解できるが、自然界で健全に生きる姿は人間を警戒しない距離でしか見られない。

また、北海道では宿泊施設や観光船に客を呼び込む手段としてシマフクロウやオオワシ、オジロワシといった希少種への観光目的の餌付けが行われ、多数の鳥が集まることで高病原性鳥インフルエンザに罹患するリスクが高まっている（偶発的餌付けとなっているエゾシカの轢死体の放置に対して、これは能動的な餌付けである）。

野生動物が人間に必要以上に頼るようになれば、自然界で生きる力を失ってしまう。あくまでも彼らの生き方をリスペクトして、できる限り本来に近い生活を保たせるのが人間の責任ではないかと思う。生きるために人間界に入り込んできた野生動物の今風の生き方に合わせて、人間のほうからより良い共生のための今風の付き合い方を真剣に考えるべきだと思う。

釧路湿原野生生物保護センターを拠点に、私たちは30年以上にわたって北海道で保全医学活動に取り組んできた。それでも毎日のように傷ついた野生動物を目の当たりにするたびに、いかに知らないことが多いことかと気づかされる。同じ目線でワンヘルスの〝病気〟を見つけ、環境治療に取り組む仲間をもっと増やしていきたい。

次世代の仲間に伝えたい、自然界との共生

私の講演会やイベントに参加した子どもたちが大きくなり、「獣医学部に入学しました」あるいは「獣医師になりました」とうれしい報告を受けることも増えた。小学生のころは動物が好きでも、中学生や高校生になればほかの楽しみも増え、別の道を歩む子もいるだろう。それでも幼いころに描いた将来のゴールを見据え、紆余曲折しながらも歩み続けている姿には自分の子ども時代を重ねて懐かしくなる。

考えてみれば、私は両親に夢や仕事を否定されたことはない。きっと獣医師になった子どもたちにも、保護者を含めて周りの大人たちの応援があったのだろう。同世代

のみなさんと一緒に「野生動物はお隣さん」という自然界と共生する感覚をもった次世代を育てていきたいと思う。

北海道で起きていた野生動物と人間の間にある軋轢は、環境治療によって少しずつ改善の兆しが見えている。狩猟用鉛弾の規制は２０２５年には全国へと広まる。終生飼育されている猛禽と一緒に開発した交通事故や感電事故の対策についても、全国からの問い合わせが増えている。人間活動がつくりだすさまざまな餌などが野生動物に密をもたらし、感染リスクを高めている高病原性鳥インフルエンザも、世界で初めて完治させることができた。

新たな軋轢も生まれているが、私たちの活動を見本に、日本はもちろん世界中のいろいろなところから次世代が芽吹いてくれたらと期待している。人間と動物と環境と、より良い共生への歩みをみなさんと手を取り合って続けていきたい。

参考文献

【論文と総説】

1) 齊藤慶輔. シマフクロウ（Ketupa blakistoni）の交通事故 ―野生動物医学的考察―. 第1回「野生生物と交通」研究発表会講演論文集 (2002)
2) 齊藤慶輔, 渡辺有希子. 北海道における希少猛禽類の感電事故とその対策. 日本野生動物医学会誌 Vol.11 No1. 11-17 (2006)
3) 齊藤慶輔. 希少猛禽類の保全医学的保護活動. 日獣生大研報 57, 31-37 (2008)
4) Keisuke Saito. Lead poisoning of Steller's Sea Eagle (*Haliaeetus pelagicus*) and White-tailed Eagle (*Haliaeetus albicilla*) caused by the ingestion of lead bullets and slugs, in Hokkaido Japan. Ingestion of Lead from Spent Ammunition: implication for Wildlife and Humans. pp.302-309. The Peregrine Fund. Boise, Idaho, USA (2009)
5) 齊藤慶輔, 渡辺有希子, 北海道におけるオオワシ・オジロワシのレールキル ～保全医学的考察と対策の検討～. 第10回「野生生物と交通」研究発表会講演論文集 (2011)
6) 齊藤慶輔. 東アジアにおける保全医学的リスクマネージメントの必要性とその展望」 日本野生動物医学会誌 Jpn.J.Zoo Wildl. Med. Vol16 No.1 1-4 (2011)
7) 齊藤慶輔. 北海道における猛禽類の鉛中毒―現状, 診断と治療, 課題―. 中毒研究 30：357-362 (2017)
8) Ishii C, Nakayama SMM, Ikenaka Y, Nakata H, Saito K, Watanabe Y, Mizukawa H, Tanabe S, Nomiyama K, Hayashi T, Ishizuka. M. Lead exposure in raptors from Japan and source identification using Pb stable isotope ratios. Chemosphere. 186: 367-373 (2017)
9) 齊藤慶輔. 北海道における希少猛禽類の事故と環境治療. 生き物文化誌学会 Biostory Vol.30 56-63 (2018)
10) 齊藤慶輔. 希少種における倫理的課題 -鳥類における事例- 日本野生動物医学会誌 Jpn.J.Zoo Wildl.Med. Vol25 No.2: 57-60 (2020)
11) Lead poisoning of raptors: state of the science and cross-discipline mitigation options for a global problem, Todd E. Katzner, Keisuke Saito et al. Biol. Rev. 99, pp. 1672–1699. (2024)

P169

・Dewailly, E., et al. Archives of Environmental Health 56:350-357.
・Bjerregaard, P. et al. Environmental Health Perspectives112: 1496-1498.
・Johansen, P.,et al Environmental Pollution 142: 93-97.
・Iqbal, S.,et al. Environmental Research 109: 952-959.
・Bjermo, H, et al. Food and Chemical Toxicology 57: 161-169.
・Meltzer, H.M., et. Environmental Research 127: 29-39.
・Green RE, Pain DJ. Risks to human health from ammunition-derived lead in Europe. Ambio 2019: 48(9):954-968. より
・Johansen, P., et al Environmental Pollution 142: 93-97
・Gerofke A, et al. PLoS One 2018: 13(7): e0200792.

著 書

『野生動物救護ハンドブック』（共著）文永堂出版
『Raptor Biomedicine III including Bibliography of Diseases of Birds of Prey, Lead poisoning in endangered sea-eagles (*Haliaeetus albicilla, Haliaeetus pelagicus*) in eastern Hokkaido through ingestion of shot Sika deer (*Cervus nippon*).』 Keisuke Saito, Nobumichi Kurosawa, Ryoji Shimura. 163-166. Zoological Education Network, Inc.,Florida
『生態学からみた野生生物の保護と法律』（財）日本自然保護協会編　講談社
『日本の希少鳥類を守る』（共著）京都大学学術出版会
『野生動物のお医者さん』 講談社
『The eagle watchers』（共著） Cornell University Press
『オホーツクの生態系とその保全』（共著）北海道大学出版会
『野生の猛禽を診る　獣医師・齊藤慶輔の365日』北海度新聞社
『命の意味 命のしるし　世の中への扉』（共著）講談社
『コアカリ 野生動物医学 日本野生動物医学会編』（共著）文永堂出版社

おわりに

慌ただしい一日が終わり、今ようやく腰を下ろした。

野生動物、とりわけ生態系の頂点に位置する猛禽類とのより良い共生を目指す日々は、毎日がぶっつけ本番。これまで蓄積してきたさまざまな経験や知識を、実際の行動や言葉に変えて自ら汗をかくことで、はじめて多くの協力者を得ながら目指す方向に進めるのだと私は信じている。過去に過ごした時間が現在の糧《かて》となり、未来の目標へとつながっていく。

「過去を振り返る機会が多くなった」と巻頭に書いたので、巻末の言葉としては少し未来のことにも触れてみたい。

現在は、週末ともなれば、多くの方々が釧路湿原野生生物保護センターの展示室を訪れてくれるようになった。テレビをはじめさまざまなメディアで猛禽類医学研究所の活動が取り上げられるようになったのも一因だろう。なかには、道徳の教科書で知ったという小学生や、英語の授業で鉛中毒について習ったという中学生もいて、土日祝日に実施することの多い「バックヤードツアー」の終了後は、さながら進路相談の場になることもある。

クラウドファンディングのリターン（返礼品）として設定している「オンライン茶話会」も毎回好評で、ときには若い世代がずらっと並び、モニター越しに少し緊張した面持ちで私たちに質問してくることもある。何はともあれ、初等教育のうちから自然環境や野生動物と人とのつながりについて学ぶ機会があることはとても大切だし、時代の価値観が変わってきたなあという実感が湧いてくる。

どうしても人間ファーストになりがちだった一般企業もまた、野生生物との共生についてCSR（企業の社会的責任）活動の一環としてそれぞれができる環境保全活動に取り組むようになってきた。

猛禽類の感電防止対策を知った小学生の息子さんから「お父さんの会社すごいね！」と言われたと、北海道電力の男性社員から電話をいただいたこともある。北海道において、全国に先駆けて環境治療（野生生物と共生するための環境改善）を進められていることを誇りに思うし、まるで見本市のようにその〝実物〟があふれる道東地域に世界各国から視察に来られている現状がとてもうれしい。

世界的な高病原性鳥インフルエンザ感染症の広がりやコロナ禍を経て、世の中は大きく変わろうとしている。人間に対する経済被害や健康被害はとても大きかったが、一方で重要感染症や新興感染症に対する人々の理解度は格段に上がったことは確かだろう。いまやこれらウイルスとの社会的共存は覚悟しなければならないが、これまで概念的な言葉として捉えられていた感のある「One World-One Health」が正しく認識され、人と動物の健康、それを取り巻く自然環境（生態系）の健全性を関連させて保全する、保全医学に関わる取り組みが世界的に活発になっている。

このように、野生動物と人との付き合い方やその責任はより重要なものになっていくだろう。だからこそ、次世代を担う若者たちには、ぜひとも身の回りで起きている事象を客観的に見据える癖をつけてもらいたいのだ。そして、もしも改善すべき問題の存在に気がついたら（たとえば私が猛禽類の鉛中毒に気づいたときのように）、自分にはどうすることもできない、荷が重すぎると……見て見ぬふりをするのではなく、自分にできる小さな一歩を踏み出す勇気をもってもらいたい。きっとその先の道は開け、明るい未来が見えてくるはずだから。

本書を世に出すにあたり、希少種の情報を紹介する特別な許可をいただいた環境省釧路自然環境事務所に深謝する。ＫＡＤＯＫＡＷＡの編集者・川田央恵さんには野生動物医となった私の半生を紹介する機会を与えてくださったことに厚く御礼を申し上げる。また、私たちの活動を文章に起こすために金子志緒さんには多大なるお力添えをいただいた。心から感謝したい。

２０２４年９月　　齊藤慶輔

齊藤慶輔

日本野生動物医学会理事、環境省希少野生動植物種保存推進員、日本獣医生命科学大学客員教授。1994年に環境省釧路湿原野生生物保護センターで野生動物専門の獣医師として活動を開始、2005年に同センターを拠点に活動する猛禽類医学研究所を設立。傷病鳥の治療や野生復帰、環境保全を行う。近年は、傷病・死亡原因を究明、予防のための生息環境の改善（環境治療）を活動の主軸とする。1997年に鉛ライフル弾による猛禽類の鉛中毒を確認、2022年に高病原性鳥インフルエンザのオジロワシの治療に成功。『情熱大陸』『ダーウィンが来た！』『プロフェッショナル 仕事の流儀』などメディア出演多数。

X：@raptor_biomed
Facebook：keisuke.saito.79556000

僕《ぼく》は猛禽類《もうきんるい》のお医者《いしゃ》さん

2024年10月30日　初版発行
2025年5月15日　再版発行

著者　齊藤《さいとう》　慶輔《けいすけ》
発行者　山下　直久
発行　株式会社KADOKAWA
〒102-8177　東京都千代田区富士見2-13-3
電話0570-002-301（ナビダイヤル）
印刷所　共同印刷株式会社
製本所　共同印刷株式会社

●お問い合わせ
https://www.kadokawa.co.jp/
（「お問い合わせ」へお進みください）
※ 内容によっては、お答えできない場合があります。
※ サポートは日本国内のみとさせていただきます。
※ Japanese text only

定価はカバーに表示してあります。

ISBN 978-4-04-607048-7　C0045